V. Sathiyamoorthi
C. Sangeetha

Aprendizagem automática e suas aplicações na agricultura

V. Sathiyamoorthi
C. Sangeetha

Aprendizagem automática e suas aplicações na agricultura

ScienciaScripts

Cover image: www.ingimage.com

This book is a translation from the original published under ISBN 978-620-2-31241-7.

Publisher:
Sciencia Scripts
is a trademark of
Dodo Books Indian Ocean Ltd. and OmniScriptum S.R.L publishing group

120 High Road, East Finchley, London, N2 9ED, United Kingdom
Str. Armeneasca 28/1, office 1, Chisinau MD-2012, Republic of Moldova, Europe
Printed at: see last page
ISBN: 978-620-7-94296-1

COTAÇÃO

Antes de mais, gostaríamos de agradecer ao nosso Deus por nos ter dado a oportunidade e a riqueza de escrever este livro. Deus está sempre connosco e guia-nos na direção certa.

Em seguida, gostaríamos de agradecer aos nossos pais por nos terem permitido perseguir as nossas ambições durante a nossa infância. Apoiaram-nos ao longo das nossas carreiras e na redação deste livro e estamos muito gratos por isso.

Além disso, agradecemos sinceramente à Direção, ao Diretor e ao Chefe de Departamento do Sona College of Technology, Salem-5, TN, Índia, por disponibilizarem instalações institucionais e laboratoriais adequadas.

Agradecemos também a todos os nossos amigos que me apoiaram em várias fases da minha investigação. Dedicamos o nosso trabalho aos nossos familiares, cujo amor e apoio incondicionais nos motivaram a concluir o livro a tempo.

Por último, mas não menos importante, gostaríamos de agradecer ao editor por ter aceite a nossa proposta de livro e por nos ter apoiado na conclusão deste livro.

DEDICADO AO...

Os membros da nossa família

Capítulo 1
INTRODUÇÃO À APRENDIZAGEM AUTOMÁTICA

1.1 Introdução

A alimentação é uma das necessidades humanas básicas. Depende do sector agrícola e da sua produção. A indústria alimentar está também fortemente dependente da produção agrícola. No entanto, devido às más condições climatéricas e aos baixos rendimentos, muitos agricultores cometeram suicídio no passado. A investigação revelou que mais de 59 000 agricultores se suicidaram nos últimos 30 anos. Hoje em dia, toda a gente fala de agricultura e da sua produção, mas ninguém apareceu para os ajudar a aumentar a sua produtividade. Cada vez mais cientistas estão a fazer investigação no domínio da agricultura com diferentes objectivos. No entanto, os esforços desenvolvidos neste domínio são mínimos. A maioria dos serviços agrícolas dispõe de muitos dados sobre o rendimento das culturas no passado. Os dados neste domínio são enormes e estão disponíveis sob forma estruturada ou não estruturada. Por conseguinte, é necessária uma técnica eficiente para processar estes dados e descobrir informações potenciais a partir deles. Ao analisar estes dados, é possível identificar potenciais culturas tendo em conta o clima, a estação do ano, o pH, o tipo de solo, etc. Por conseguinte, este livro centra-se na aprendizagem automática e nas suas aplicações no sector agrícola. Ajudará os agricultores a identificar as culturas corretas para aumentar a produção. Neste capítulo, são explicadas sucintamente várias técnicas de aprendizagem automática. Neste capítulo, são apresentadas várias técnicas de aprendizagem automática, como a classificação, o agrupamento, a extração de regras de associação e a previsão, bem como as respectivas aplicações.

1.2 Técnicas de aprendizagem automática

A aprendizagem automática trata do estudo e do desenvolvimento de algoritmos que podem aprender e fazer previsões através da elaboração de previsões ou decisões baseadas em dados, criando um modelo a partir de amostras de dados. A descoberta de conhecimentos na base de dados (KDD) é o processo de extração de informações ou conhecimentos a partir de grandes quantidades de dados na base de dados, ou seja, a aprendizagem automática é o processo de descoberta de conhecimentos a partir de conjuntos de dados. O conhecimento descoberto pode ser utilizado nos seguintes domínios de aplicação para melhorar a atividade empresarial. São elas,

Análise do cabaz de compras

Deteção de fraudes em transacções bancárias

Fidelidade do cliente em empresas baseadas em produtos

Controlo da produção e comercialização

Divide-se em três grandes categorias, como mostra a Figura 1.1.

- **Aprendizagem supervisionada:** Um professor apresenta ao computador amostras de entradas e os resultados desejados, e o objetivo é aprender uma regra geral que faça corresponder as entradas aos resultados. Este algoritmo consiste numa variável alvo/resultado (ou variável dependente) a prever a partir de um determinado conjunto de factores de previsão (variáveis independentes). Esta variável é utilizada para criar uma função que mapeia os inputs para os outputs desejados. O processo de formação continua até o modelo atingir o nível de precisão desejado para os dados de formação. Exemplos de aprendizagem supervisionada são a regressão, a árvore de decisão, a floresta aleatória, o KNN (K-Nearest Neighbour), a regressão logística, etc.
- **Aprendizagem não supervisionada:** neste algoritmo, não existe uma variável de objetivo ou de resultado para a previsão/estimativa. É utilizado para agrupar a população em diferentes grupos, o que é frequentemente utilizado para segmentar os clientes em diferentes grupos para acções específicas. Exemplos de aprendizagem não supervisionada são o algoritmo Apriori e o K-means.
- **Aprendizagem** por reforço: Aprendizagem por reforço - os dados de treino são fornecidos apenas como feedback para as acções do programa num ambiente dinâmico, por exemplo, ao conduzir um veículo ou ao jogar um jogo contra um adversário. Com este algoritmo, a máquina é treinada para tomar determinadas decisões. Funciona da seguinte forma: A máquina é exposta a um ambiente no qual se treina constantemente através de tentativa e erro. Esta máquina aprende com a experiência anterior e tenta obter o melhor conhecimento possível para tomar decisões comerciais exactas. Exemplos de aprendizagem por reforço: Processo de decisão de Markov.

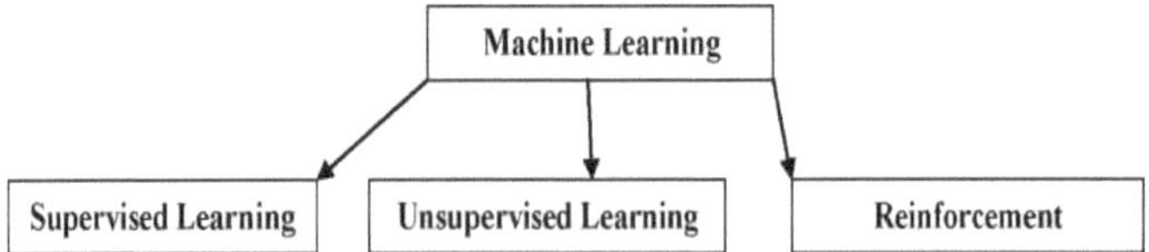

Figura 1.1 Tipos de aprendizagem automática

Vamos analisar todas estas técnicas em pormenor, uma a uma.

a) Classificação e previsão: Este é o processo de criação de um modelo que descreve a classe de um objeto. O principal objetivo deste modelo é prever a etiqueta da classe de um objeto. O modelo de classificação é criado com base em conjuntos de dados de treino e testado com conjuntos de dados de teste, em que os conjuntos de dados de teste contêm objectos cuja etiqueta de classe é desconhecida ou deve ser prevista. O modelo de classificação pode ser criado utilizando um dos métodos abaixo indicados ou uma combinação de métodos.

Regras IF-THEN

Árvores de decisão

Classificações Bayesianas

Algoritmo do vizinho mais próximo

Redes neuronais com retropropagação

A principal diferença entre os modelos de classificação e de previsão é que os primeiros são utilizados para encontrar uma etiqueta de classe para um objeto categórico, enquanto os segundos são utilizados para prever um valor contínuo. Os modelos de classificação são utilizados para prever etiquetas de classe categóricas, enquanto os modelos de previsão prevêem valores contínuos. Seguem-se as métricas normalmente utilizadas para medir o desempenho dos modelos de classificação e de previsão.

Exatidão

velocidade

Robustez

Escalabilidade

Interpretabilidade

b) Regra de associação: é utilizada para prever a correlação entre duas ou mais variáveis e ligar um item a outro item com base em algumas condições, como a frequência de compra e os itens comprados em conjunto, etc. Os artigos frequentes são os artigos que ocorrem com maior frequência na base de dados de transacções. A base de dados de transacções contém dados sobre o comportamento de compra dos utilizadores sob a forma de uma transação, e cada transação contém uma lista de artigos que foram comprados em conjunto. No sector do comércio a retalho e das vendas, por exemplo, é utilizada para prever quais os artigos que são frequentemente comprados em conjunto, de modo a podermos aumentar ou assinalar a produção desses artigos. Mais especificamente, um supermercado cria uma regra de associação que mostra que 70% das vezes o leite é vendido juntamente com o pão e apenas 30% das vezes as bolachas são vendidas juntamente com o pão.

Pão> -----------Leite (70%)

Pão> -----------Bolachas (30%)

De acordo com a definição de (Jiawei et al. 2006), uma regra de associação identifica um conjunto de atributos de dados que estão estatisticamente relacionados entre si. O problema de extração de regras de associação pode ser definido da seguinte forma: Dada uma base de dados de transacções relacionadas, um suporte mínimo e um valor de confiança, encontrar todas as regras de associação cuja confiança e suporte estejam acima do limite dado. Em geral, é criada uma regra de dependência que prevê um objeto com base na ocorrência de outros objectos.

Uma regra de associação tem a forma X->Y, em que X é o antecedente e Y é o consequente. Há duas medidas que ajudam a identificar elementos frequentes e a gerar regras a partir deles. Uma dessas medidas é a confiança, que é a probabilidade condicional de Y dado X, Pr(Y|X), e a outra é o apoio, que é a probabilidade prévia de X e Y, Pr(X e Y) (Jiawei et al 2006). Pode ser classificada como uma regra de associação unidimensional ou uma regra de associação multidimensional com base no número de predicados que contém (Jiawei et al 2006). Pode ser alargado para se adaptar melhor a áreas de aplicação como a análise genética e o comércio eletrónico, etc. O algoritmo Aprior, o algoritmo de crescimento FP e o formato de dados verticais são alguns dos algoritmos padrão utilizados para identificar os elementos frequentes num grande conjunto de dados (Jiawei et al. 2006),

Algoritmo precedente

Crescimento do PQ

Algoritmo para o formato de dados verticais

c) Agrupamento: É conhecido como aprendizagem não supervisionada, em que agrupamos os objectos com base na sua semelhança, utilizando diferentes medidas de semelhança. Um cluster é um grupo de objectos semelhantes. A análise de clusters refere-se ao agrupamento de objectos que são semelhantes entre si. Neste caso, os objectos que são muito semelhantes formam um agrupamento. São utilizadas várias medidas para determinar a semelhança entre objectos. Uma medida de semelhança é selecionada de modo a minimizar a semelhança entre os clusters e a maximizar a distância entre eles. São utilizadas diferentes medidas de semelhança consoante o tipo de atributos envolvidos neste processo. A principal diferença entre o agrupamento e a classificação é que o agrupamento pode ser adaptado às mudanças e ajuda a selecionar caraterísticas úteis que categorizam os objectos em diferentes grupos. Os pontos seguintes referem-se ao agrupamento.

Escalabilidade

Capacidade de lidar com diferentes tipos de atributos

Descoberta de clusters com forma atributiva

Elevada dimensionalidade

Capacidade para lidar com dados ruidosos

Interpretabilidade

Todos os algoritmos de agrupamento podem ser classificados nos seguintes tipos. São eles,

Método de partição

Método hierárquico

Método baseado na densidade

Método baseado em grelha

Método baseado em modelos

Método baseado em restrições

- **Método de partição**

  Para uma base de dados com 'n' objectos, o algoritmo de particionamento agrupa os objectos em 'k' partições, em que k < n. Cada grupo deve conter pelo menos um objeto. Além disso, os objectos do mesmo grupo devem satisfazer os seguintes critérios

  - Cada grupo contém pelo menos um objeto.
  - Cada objeto deve pertencer exatamente a um grupo.
  - Os objectos dentro de agrupamentos são muito semelhantes e os objectos em agrupamentos diferentes são muito diferentes.

  O algoritmo Kmeans é o algoritmo mais popular nesta categoria. Funciona da seguinte forma.

  - Para um determinado número de partições (por exemplo, K), o particionamento

Kmeans cria uma partição inicial que representa K clusters, utilizando uma medida de distância.

- o Em seguida, a técnica iterativa é utilizada para melhorar o particionamento, movendo os objectos de um grupo para outro. O problema do algoritmo Kmeans é que o valor K (número de partições) é definido antes da execução do agrupamento e não se altera.
- o Outro algoritmo é o Kmedoid, que é uma melhoria do algoritmo Kmeans e oferece um melhor desempenho.

- **Agrupamento hierárquico**

Este método tenta criar uma decomposição hierárquica dos objectos dados em diferentes grupos. São utilizadas duas abordagens para a decomposição.

Abordagem aglomerativa

Abordagem divisória

Na abordagem aglomerativa, o agrupamento começa com cada objeto a formar o seu próprio grupo. Os objectos que estão próximos uns dos outros são então fundidos em grupos. Este processo é repetido até que todos os grupos sejam combinados num só ou até que a condição de cancelamento seja satisfeita. Este procedimento é também conhecido como abordagem ascendente. Na abordagem divisiva, o agrupamento começa com todos os objectos que representam um único agrupamento como raiz. Em cada iteração, é feita uma tentativa de dividir o agrupamento em agrupamentos mais pequenos com objectos semelhantes, ou seja, objectos que estão próximos uns dos outros. O processo continua em sentido descendente e o agrupamento é dividido até que todos os objectos estejam num agrupamento ou a condição de cancelamento seja satisfeita. Este método é inflexível, ou seja, uma vez efectuada uma fusão ou divisão, esta não pode ser cancelada. É também conhecido como abordagem descendente.

- **Agrupamento baseado na densidade**

Baseia-se no conceito de densidade, ou seja, cada cluster deve ter um número mínimo de objectos de dados dentro do raio do cluster. Neste caso, um cluster continua a crescer desde que a densidade na vizinhança ultrapasse um determinado valor limite.

- **Agrupamento em grelha**

Neste agrupamento, os objectos formam uma grelha. O espaço dos objectos é quantificado num número finito de células que formam uma estrutura de grelha. A principal vantagem desta abordagem é o facto de gerar os agrupamentos mais rapidamente e exigir menos tempo de processamento.

- **Agrupamento baseado em modelos**

Nesta abordagem, é utilizado um modelo para formar cada agrupamento e encontrar o melhor ajuste do objeto de dados para os agrupamentos dados. Neste método, os clusters são localizados utilizando a função de densidade. Esta reflecte a distribuição espacial dos objectos de dados entre os clusters. Determina o número de agrupamentos com base em estatísticas, tendo em conta os valores anómalos ou o ruído. Também resulta num algoritmo de agrupamento robusto.

- Agrupamento baseado em restrições

Com esta abordagem, o agrupamento é efectuado tendo em conta as restrições ou requisitos do utilizador e da aplicação. Neste caso, uma restrição é a expetativa do utilizador ou as caraterísticas dos resultados de agregação pretendidos. Trata-se de um processo interativo, uma vez que as restrições proporcionam uma forma interactiva de comunicar com o processo de agregação. As restrições podem ser especificadas pelo utilizador ou pela aplicação.

Em geral, as tarefas de aprendizagem automática podem ser classificadas em tarefas descritivas e preditivas (Jiawei et al. 2006). As tarefas descritivas de aprendizagem automática são as que fornecem uma descrição ou caraterização das propriedades da base de dados de entrada. As tarefas de aprendizagem automática preditiva são as que retiram conclusões dos dados de entrada para chegar a conhecimentos ocultos e fazer previsões interessantes e úteis. Algumas das tarefas de aprendizagem automática e a sua categorização são enumeradas a seguir.

Classificação [Preditiva]

Agrupamento [Descritivo]

Extração de regras de associação [Descritivo]

Descoberta de padrões sequenciais [Descritivo]

Regressão [Preditiva]

Deteção de desvios [preditiva]

As etapas básicas do processo de descoberta de conhecimentos são descritas de seguida.

- **Limpeza de dados** - os dados ruidosos, incompletos e inconsistentes são removidos aqui.
- **Integração de dados** - quando os dados de várias fontes de dados são combinados num esquema normalizado.
- **Seleção de dados** - aqui, os dados relevantes para a tarefa são recuperados da base de dados.
- **Transformação de dados** - aqui os dados são resumidos e agregados numa forma adequada à tarefa atual de aprendizagem automática.
- **Algoritmos de aprendizagem automática** - são utilizados métodos inteligentes para extrair padrões úteis dos dados.
- **Avaliação de padrões** - aqui os padrões descobertos são avaliados utilizando algumas medidas de interesse, como o apoio e a confiança, com base na tarefa de aprendizagem automática.
- **Apresentação do conhecimento** - o conhecimento é apresentado sob a forma de gráficos, diagramas e tabelas.

1.3 Aplicações da aprendizagem automática

A aprendizagem automática está intimamente relacionada com a estatística computacional, que também se centra na realização de previsões através de computadores. Está intimamente ligada à otimização matemática, que fornece métodos, teorias e áreas de aplicação para este domínio. No domínio da análise de dados, a aprendizagem automática é um método de desenvolvimento de modelos e algoritmos complexos, adequados para fazer previsões; em aplicações comerciais, é conhecida como análise preditiva. Estes modelos analíticos permitem que investigadores, cientistas de dados, engenheiros e analistas obtenham decisões e resultados fiáveis e repetíveis e descubram informações ocultas, aprendendo com as relações e tendências históricas dos dados.

A aprendizagem automática é utilizada numa variedade de aplicações que requerem o desenvolvimento e a programação de algoritmos com bom desempenho.

A aprendizagem automática é a programação de computadores para otimizar o critério de desempenho com base em dados de amostra ou na experiência. Neste caso, um modelo é definido com base em alguns parâmetros e a aprendizagem é a execução de um programa de computador para otimizar os parâmetros do modelo com base nos dados de treino ou na experiência passada. O modelo pode ser preditivo, para fazer previsões para o futuro, ou descritivo, para obter informações a partir dos dados, ou ambos. Na aprendizagem automática, a teoria da estatística é utilizada para criar modelos matemáticos, uma vez que a tarefa principal é tirar conclusões a partir de uma amostra. Aqui, o computador desempenha um papel duplo:

- Em primeiro lugar, precisamos de um algoritmo eficiente para resolver o problema da otimização e para armazenar e processar as enormes quantidades de dados que geralmente temos.
- Em segundo lugar, uma vez aprendido um modelo, a sua representação e a solução algorítmica para a inferência também devem ser eficientes.

Para determinadas aplicações, a eficiência do algoritmo de aprendizagem ou de inferência, como a complexidade espacial e temporal, pode ser tão importante como a sua exatidão de previsão.

a) Aprender com as associações

Uma aplicação da aprendizagem automática é a análise do cesto de compras, em que são analisadas as correlações entre os produtos comprados pelos clientes: Se as pessoas que compram *X* normalmente também compram *Y*, e se há um cliente que compra *X* e não compra *Y*, ele ou ela é um potencial cliente Y. Depois de encontrarmos esses clientes, podemos abordá-los para fazer marketing direcionado. É representado na forma X->Y, em que X é uma condição prévia e Y é uma consequência.

b) Aprendizagem através da classificação

Trata-se de uma técnica de aprendizagem supervisionada. O modelo é criado com base no conjunto de dados de treino e testado utilizando o conjunto de dados de teste. Um empréstimo é uma quantia de dinheiro que é emprestada a uma instituição financeira, por exemplo, um banco, e que deve ser reembolsada com juros, geralmente em prestações. É importante que o banco seja capaz de estimar antecipadamente o risco associado a um empréstimo, ou seja, a probabilidade de o cliente entrar em incumprimento e não reembolsar o montante total. O objetivo é garantir que o banco tenha lucro, por um lado, e que o cliente não seja sobrecarregado com um empréstimo que exceda as suas possibilidades financeiras, por outro.

c) Aprender com a regressão

É também uma técnica supervisionada. É a previsão de atributos com valor contínuo. Digamos que queremos ter um sistema que possa prever o preço de um carro usado. As entradas são os atributos do veículo, como a marca, o ano de fabrico, a cilindrada, a quilometragem e outras informações que acreditamos que afectam o valor de um carro. O resultado é o preço do veículo.

d) Aprendizagem através de agrupamentos

Esta é uma técnica de aprendizagem não supervisionada. Na aprendizagem não supervisionada, não existe um supervisor, apenas dados de entrada. O objetivo é encontrar as regularidades nos dados de entrada. O espaço de entrada tem uma estrutura tal que certos padrões ocorrem com mais frequência do que outros, e queremos descobrir o que geralmente acontece e o que não acontece. Em estatística, isto é designado por estimativa da densidade. Exemplo: Agrupamento

e) Aprendizagem através da aprendizagem por reforço

Em algumas aplicações, o resultado do sistema é constituído por uma sequência de acções. Nesse caso, uma única ação não é importante; o que é importante é a *estratégia*, ou seja, a sequência das acções corretas para atingir o objetivo. Não existe a melhor ação num estado intermédio; uma ação é boa se fizer parte de uma boa estratégia. Neste caso, o programa de aprendizagem automática deve ser capaz de avaliar a bondade das estratégias e aprender com as boas sequências de acções passadas para criar uma estratégia. Estes métodos de aprendizagem são designados por algoritmos de aprendizagem por reforço.

Outras aplicações da aprendizagem automática incluem

Análise e gestão do cesto de compras
Análise empresarial e gestão de riscos no sector
Deteção de fraudes ou valores anómalos
Análise de dados espaciais e de séries cronológicas

Mercado de acções

Recuperação e análise de imagens

Segmentação de imagens

Internet

Exploração da Web

Capítulo 2

INTRODUÇÃO À AGRICULTURA

2.1 Introdução

A agricultura é uma produção vegetal única que depende de muitos factores climáticos e económicos. Alguns destes factores de que a agricultura depende são o solo, o clima, o cultivo, a irrigação, os fertilizantes, a temperatura, a precipitação, a colheita, a monda por pesticidas e outros factores. A informação histórica sobre o rendimento das culturas é também importante para a cadeia de abastecimento das empresas industriais. Estas indústrias utilizam produtos agrícolas como matérias-primas, gado, alimentos, rações, produtos químicos, aves de capoeira, fertilizantes, pesticidas, sementes e papel. Uma estimativa exacta da produção e do risco das culturas ajuda estas empresas a planear as decisões relativas à cadeia de abastecimento, como a programação da produção. Empresas como as indústrias de sementes, fertilizantes, agroquímicos e maquinaria agrícola planeiam as suas actividades de produção e comercialização com base em estimativas de produção agrícola.

2.2 Piso

Os solos têm muitas propriedades diferentes, incluindo a textura, a estrutura ou composição, a capacidade de retenção de água e o pH (se os solos são ácidos ou alcalinos), como mostra a Figura 2.1. A combinação destas propriedades torna os solos úteis para uma variedade de objectivos. As propriedades do solo determinam as espécies de plantas que crescem num solo ou as culturas que são produzidas numa região. Algumas das propriedades mais importantes do solo são enumeradas de seguida.

Figura 2.1: Solo

a) Textura

Se pegarmos num pouco de terra húmida e a esfregarmos entre os dedos, podemos sentir a textura do solo. Em particular, será capaz de dizer se o solo é áspero ou grosseiro, caso em que é provavelmente um solo arenoso, ou se é suave, como é o caso de um solo argiloso (ver Figura 2.2). A proporção de areia, silte, argila e matéria orgânica num determinado solo desempenha um papel importante na forma como este se comporta, como pode ser cultivado e o que pode ser cultivado nele. Os solos arenosos são fáceis de cultivar, mas tendem a armazenar pouca água e podem ser secos, enquanto os solos argilosos são mais difíceis de cultivar, armazenam muita água e podem levar a encharcamentos, especialmente no inverno.

Figura 1.2: Textura

b) Estrutura do pavimento

Tal como as casas e os edifícios têm uma estrutura ou arquitetura, o solo também tem uma estrutura. As partículas de areia e de argila que constituem o solo raramente se apresentam como partículas individuais, mas estão mais ou menos frouxamente combinadas em agregados. O tipo de estrutura do solo depende em grande medida da textura e do teor de matéria orgânica do solo, bem como da forma como o solo é cultivado. Os agregados que constituem a estrutura podem ter um tamanho de alguns milímetros, como os grãos e as migalhas, ou de vários centímetros, como as colunas e os prismas. A estrutura granular ou friável é a preferida pelos agricultores e jardineiros, uma vez que proporciona uma melhor cama para as sementes que plantam. Os tipos comuns de estrutura do solo são apresentados na Figura 2.3.

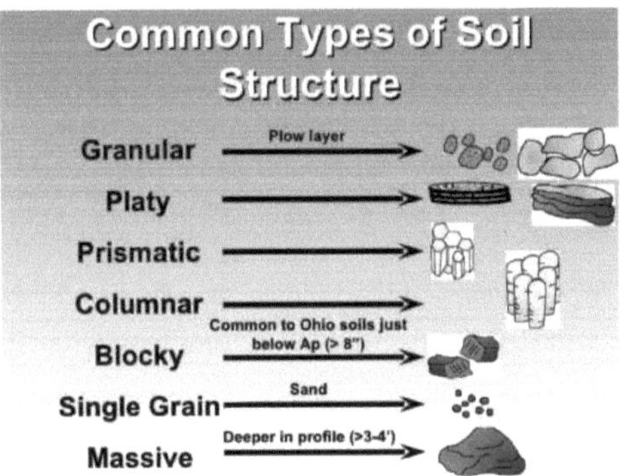

Figura 2.3: Estrutura do solo

c) Capacidade de absorção de água

Todos os solos têm a capacidade de reter água nos seus poros e nas superfícies dos grãos minerais e agregados estruturais. Esta capacidade varia de solo para solo e está intimamente relacionada com a textura do solo. Embora os solos arenosos sejam fáceis de cultivar, sofrem frequentemente do facto de não poderem armazenar muita água e de terem uma baixa capacidade de retenção de água. São frequentemente designados por solos sedentos. Os solos argilosos, por outro lado, têm muitos poros pequenos nos quais podem armazenar água. Isto significa que têm sempre alguma água disponível para as plantas que neles crescem e, por conseguinte, têm uma boa capacidade de armazenamento de água. A capacidade de armazenamento de água do solo é mostrada na Figura 2.4

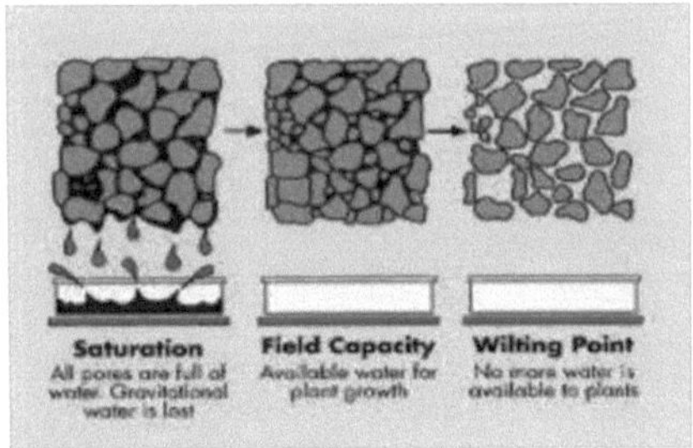

Figura 2.4: Capacidade de retenção de água

d) Acidez e alcalinidade

O termo pH é utilizado para indicar a acidez ou alcalinidade de um solo. É importante compreender o pH porque ajuda a decidir qual a planta ou cultura que melhor se adapta a um determinado solo. A gama de valores de pH nos solos situa-se geralmente entre 3 e 8, embora a maioria dos solos a nível mundial se situe entre 5,5 e 7,5. Abaixo de pH 7, os solos são descritos como ácidos e acima de pH 7 como alcalinos. O pH do solo é importante para o tipo de vegetação que pode crescer no solo e para o tipo de organismos que nele podem viver. Por exemplo, algumas espécies de minhocas preferem condições ácidas (pH mais baixo), enquanto outras preferem condições mais alcalinas (pH mais alto). O pH do solo para condições ácidas e alcalinas é

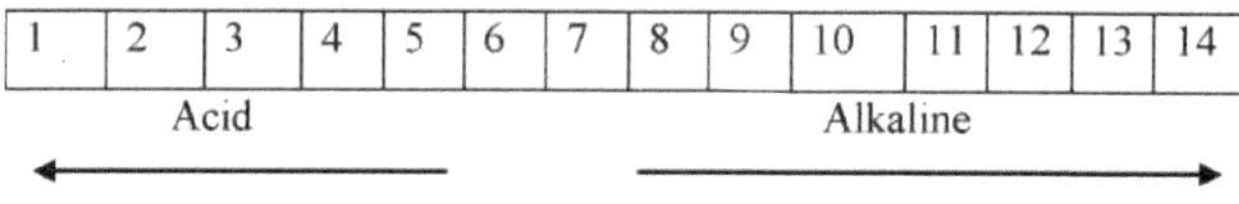

apresentado na Figura 2.5.

Figura 2.5: Escala de pH para acidez e alcalinidade

e) O papel dos fertilizantes

Os solos precisam de manter a sua fertilidade. O solo é um conjunto natural de rochas, minerais e matéria orgânica finamente dispersos. A areia, o lodo, a argila e a matéria orgânica fornecem a composição do solo, o arejamento necessário e uma absorção de água favorável, mas raramente uma nutrição vegetal suficiente para permitir um crescimento contínuo e saudável das plantas.

Há dezassete elementos que se sabe serem essenciais para o crescimento e desenvolvimento das plantas. São eles,

- Azoto (N),
- Fósforo (P),
- Potássio (K),
- Cálcio (Ca),
- Enxofre (S),
- Magnésio (Mg),
- Carbono (C),
- Oxigénio(O),
- Hidrogénio (H),
- Ferro (Fe),

- Boro (B),
- Cloro (Cl),
- Manganês (Mn),
- Zinco (Zn),
- Cobre (Cu),
- Molibdénio (Mo),
- Níquel (Ni).

Os seguintes fertilizantes (também conhecidos como nutrientes para plantas) são fornecidos numa forma facilmente disponível para utilização pelas plantas.

- Carbono Nitrogénio Magnésio
- Hidrogénio Fósforo Manganês
- Oxigénio Potássio Molibdénio
- Enxofre Cobre
- Zinco Cálcio
- Ferro Cloro
- Boro níquel

Três dos dezassete elementos essenciais, o carbono, o hidrogénio e o oxigénio, são obtidos principalmente a partir do ar e da água. O oxigénio e o hidrogénio são obtidos pelas plantas a partir da água. O carbono e o hidrogénio são absorvidos pelas folhas a partir do ar. Os outros catorze elementos utilizados pela planta devem provir do solo ou de adubos adicionados. A remoção destes elementos pelas plantas, bem como a lixiviação, a volatilização e a erosão conduzem a uma redução contínua da fertilidade do solo. Os relvados e as plantas de paisagem têm uma cor fraca (amarelo-verde a amarelo), baixa densidade de plantas, o que permite a invasão de ervas daninhas, e baixo vigor das plantas, o que aumenta a sua suscetibilidade a doenças e insectos. A produtividade do solo pode ser mantida através de aplicações programadas e bem geridas de fertilizantes compostos. Os seguintes fertilizantes são difíceis de gerir.

- **Nitrogénio (N)** - um gás incolor e inerte que pode ser arrastado para o ar.
- **Fósforo (P)** - inflama-se espontaneamente no ar. Na forma concentrada, é mesmo tóxico para as plantas.
- **Potássio (K)** - em contacto com a água incendeia-se, explode e decompõe-se numa lixívia forte.

2.3 Fertilizantes

Os alimentos vegetais mais importantes e as suas funções são enumerados a seguir.

a) Azoto (N)

- Favorece o crescimento vegetativo rápido (folhas e caules), o que acelera a recuperação após a ceifa e dá vitalidade ao relvado.
- Um elemento vital para a formação e funcionamento da clorofila - o principal componente que dá a cor verde escura.
- Síntese de aminoácidos, a partir dos quais se formam as proteínas.
- Regula a absorção de outros nutrientes.
- Componente básico das substâncias vitais - ácido nucleico e enzimas.

O quadro 2.1 contém informações sobre as plantas e as suas necessidades.

Quadro 2.1: Valor do azoto para cada cultura

Crop	Nitrogen
Alfalfa	432
Corn	180
Soybeans	294
Spring Wheat	176

b) Fósforo (P)

- Estimula a formação e o crescimento precoce das raízes - assegura um bom arranque para as plantas e forma um sistema de filtragem das raízes
- no solo para absorver eficazmente os outros nutrientes disponíveis para as plantas e a água. Melhora o vigor e a resistência da planta.
- Acelera a maturação (conversão do amido em açúcar).
- Estimula a floração e o desenvolvimento das sementes.
- Provoca a conversão de energia e processos de conversão em que o açúcar é convertido em hormonas, proteínas e energia para o crescimento de novas folhas e frutos.
- Forma ácidos nucleicos (ADN e ARN).

- Vital para a fotossíntese (esverdeamento das plantas).
- Essencial para a divisão celular.

A Figura 2.6 mostra como o valor do pH do solo afecta a disponibilidade de fósforo.

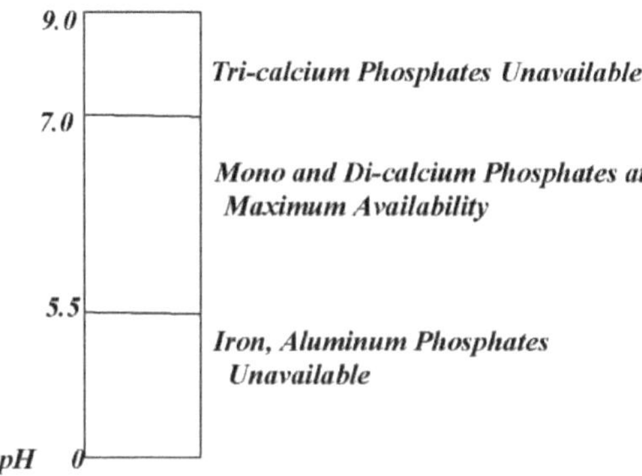

Figura 2.6: Disponibilidade de fósforo

c) Potássio (K)

- Contribui para o desenvolvimento de caules e folhas.
- Aumenta a resistência às doenças e a resiliência, o que tem um efeito positivo na resistência ao desgaste.
- Reforça as paredes celulares para que a erva se mantenha direita e crie menos raízes.
- Afecta a absorção de água das células vegetais - as plantas com deficiência de potássio podem murchar se houver muita humidade.
- Actua como catalisador da absorção do ferro.
- Essencial para a formação e translocação de proteínas, amido, açúcar e óleo, o que melhora o tamanho e a qualidade dos frutos, grãos e tubérculos.

Table 2.2: Valor de potássio para cada cultura

Crop	Potassium(%k)
Soybean	1.7-2.5
Spring Wheat	1.5-3.0
Strawberry	1.1-2.5
Sweet corn	1.8-3.0

As substâncias secundárias das plantas e as suas funções são enumeradas a seguir.

a) Cálcio (Ca)

- O cálcio é um componente essencial da estrutura da parede celular e deve estar presente para a formação de novas células.
- A carência de cálcio provoca o enfraquecimento dos caules e a queda prematura das flores e dos botões.

b) Magnésio (Mg)

- Essencial para a fotossíntese (esverdeamento da planta).
- Ativador de muitas enzimas vegetais que são necessárias no processo de crescimento.

c) Enxofre (S)

- É um componente de três aminoácidos e é, portanto, essencial para a formação de proteínas.
- Ajuda a manter a cor verde das plantas.
- Melhora os solos alcalinos.
- Ajuda a soltar os solos compactados e permite uma melhor penetração da água.

d) Sulfato Enxofre (SO4)

- Sulfato O enxofre (SO4) é a forma que é absorvida como alimento para as plantas. Muitas plantas necessitam de tanto enxofre como de fosfato para os seus processos de crescimento.
- O enxofre sulfatado (SO4) está contido no gesso (CaSO4) e noutros fertilizantes sulfatados - sulfato de amónio, sulfato de fosfato de amónio e muitos fertilizantes para relvados.
- O gesso (CaSO4) ajuda a soltar os solos alcalinos, tornando-os soltos e friáveis. Os solos alcalinos contêm sódio, o que faz com que o solo se dissolva, se empoceire e se feche. O cálcio livre no gesso substitui o sódio nas partículas de argila e permite que o sódio seja lixiviado para fora do solo. Também faz com que as pequenas partículas do solo floculem (se aglutinem em pequenas migalhas), deixando espaço entre elas para o movimento do ar e da água.

e) **Enxofre elementar (S)**

O enxofre elementar (S) é convertido em sulfato de enxofre no solo. Esta reação pode ser lenta, dependendo do tamanho das partículas de enxofre e das condições do solo. Uma vez convertido em sulfato de enxofre (SO4), fica disponível para a planta. Se o solo contiver cálcio, pode formar gesso no solo e ser utilizado para remediar solos alcalinos. O enxofre elementar reduz o pH do solo onde os grânulos são aplicados, uma vez que se converte em sulfato. O quadro 2.3 enumera as plantas e as suas necessidades.

Quadro 2.3: Valores de cálcio, magnésio e enxofre para as diferentes culturas

Crop	Ca	Mg	S
Corn	44	58	30
Soybean	26	27	25
Wheat	18	21	18
Alfalfa	175	40	40
Tomatoes	30	36	54
Oranges	80	22	21
Onions	4	58	33
Cotton	76	21	24
Peanuts	20	25	21

f) **Micronutrientes: ferro, zinco e manganês**

Mesmo que os micronutrientes só sejam utilizados pelas plantas em quantidades muito pequenas, são tão importantes para o crescimento das plantas como as grandes quantidades de nutrientes primários e secundários. Devem ser mantidos em equilíbrio para que todos os nutrientes e a água possam ser utilizados eficientemente. No caso dos relvados, existem três micronutrientes que são particularmente importantes para manter a cor verde e a vitalidade das plantas.

- **Ferro (Fe):** O amarelecimento da relva deve-se frequentemente a uma carência de ferro. O ferro é necessário para a formação da clorofila na célula vegetal. Serve de catalisador para processos biológicos como a respiração, a fixação simbiótica de azoto e a fotossíntese. A adição de ferro pode corrigir uma deficiência de ferro, mas isto só pode ser temporário em solos com um valor de pH elevado devido à ligação ao cálcio. Isto pode exigir a acidificação do solo com enxofre elementar ou a utilização de formas de azoto amoniacal ou outros acidificantes. Como o amónio se converte em nitrato no solo, tem um efeito acidificante. Este efeito acidificante torna o ferro e muitos outros elementos mais disponíveis em solos com pH elevado.

- **Zinco (Zn):** O zinco é um componente essencial de várias enzimas vegetais. É um componente das auxinas e controla a síntese do ácido indolacético, que regula o crescimento. O zinco também influencia a absorção e a utilização eficiente da água pelas plantas.
- **Manganês (Mn):** O manganês serve como ativador de enzimas nas plantas. Sem manganês, as plantas não podem utilizar o ferro que absorvem. Apoia o ferro na formação da clorofila, que dá ao relvado uma cor amarelada e o torna verde.

2.4 Formação do solo

Os solos diferem de uma parte do mundo para outra, mesmo de uma parte de um quintal para outra. Eles diferem no local e na forma como foram formados. Cinco factores importantes interagem na formação de diferentes tipos de solo:

- Clima - a temperatura e a humidade influenciam a velocidade das reacções químicas, que por sua vez determinam a rapidez com que as rochas são desgastadas e os organismos mortos se decompõem. Os solos desenvolvem-se mais rapidamente em climas quentes e húmidos e mais lentamente em climas frios ou secos.
- Organismos - as plantas enraízam, os animais cavam e as bactérias comem - estes e outros organismos aceleram a decomposição de grandes partículas de solo em partículas mais pequenas. As raízes, por exemplo, produzem dióxido de carbono, que se mistura com a água e forma um ácido que corrói as rochas.
- Relevo (paisagem) - A forma do terreno e a sua orientação têm influência na quantidade de luz solar que o solo recebe e na quantidade de água que armazena. Os solos mais profundos formam-se no fundo de uma colina porque a gravidade e a água movem as partículas do solo pela encosta abaixo.
- Material de origem - Cada solo "herda" as propriedades do material de origem a partir do qual foi formado. Os solos formados a partir de calcário, por exemplo, são ricos em cálcio, e os solos formados a partir do material do fundo dos lagos contêm muita argila. Cada solo é formado a partir de um material de base que foi depositado na superfície da terra. O material pode ser rocha que se degradou no local ou materiais mais pequenos transportados pelas cheias dos rios, pelos glaciares ou pelos ventos. O material de origem é alterado por processos biológicos, químicos e ambientais, como a meteorização e a erosão.
- Tempo - todos estes factores interagem ao longo do tempo. Os solos mais antigos diferem dos solos mais jovens porque tiveram mais tempo para se desenvolver. À

medida que o solo envelhece, começa a ter um aspeto diferente do seu material de origem. Isto deve-se ao facto de o solo ser dinâmico. Os seus componentes - minerais, água, ar, matéria orgânica e organismos - estão constantemente a mudar. Os componentes são adicionados e perdidos. Alguns mudam de lugar para lugar dentro do solo. E alguns componentes são completamente alterados ou transformados. Ver Apêndice A para informações sobre o pH de cada tipo de solo.

Capítulo 3

APLICAÇÕES DA APRENDIZAGEM AUTOMÁTICA NA AGRICULTURA

3.1 Introdução

A indústria alimentar está fortemente dependente da produção agrícola. No entanto, devido às más condições climatéricas e aos baixos rendimentos, muitos agricultores cometeram suicídio no passado. Os dados neste domínio são enormes e estão disponíveis de forma estruturada e não estruturada. Por conseguinte, é necessária uma técnica eficiente para processar estes dados e descobrir informações potenciais a partir deles. Ao analisar estes dados, é possível identificar potenciais culturas tendo em conta o clima, a estação do ano, o pH, o tipo de solo, etc. A metodologia proposta ajuda o agricultor a selecionar as culturas certas para aumentar a produção. Este capítulo apresenta uma visão geral da utilização de uma técnica de aprendizagem automática, ou seja, a classificação, para prever o rendimento das culturas. É utilizada uma árvore de decisão para efetuar a previsão.

3.2 Análise preditiva

A análise de previsão é efectuada com base em parâmetros do solo como a textura, o carbonato de cálcio, n, p, k, fe, mn, zn, cu, etc. A análise de previsão do solo é utilizada para determinar a cultura correta para um determinado solo, centrando-se no algoritmo de aprendizagem automática.

Atualmente, a Índia é também o segundo maior produtor agrícola do mundo. A agricultura é, demograficamente, o sector mais importante da economia e desempenha um papel importante no tecido socioeconómico global da Índia. A agricultura é uma produção vegetal única que depende de muitos factores climáticos e económicos. Alguns dos factores de que a agricultura depende são o solo, o clima, o cultivo, a irrigação, os fertilizantes, a temperatura, a precipitação, a colheita, a utilização de herbicidas e outros factores. A informação histórica sobre o rendimento das culturas é também importante para a cadeia de abastecimento das empresas industriais. Estas indústrias utilizam produtos agrícolas como matérias-primas, gado, alimentos, rações, produtos químicos, aves de capoeira, fertilizantes, pesticidas, sementes e papel. Uma estimativa exacta da produção e do risco das culturas ajuda estas empresas a planear as decisões relativas à cadeia de abastecimento, como a programação da produção. Empresas como as indústrias de sementes, fertilizantes, agroquímicos e maquinaria agrícola planeiam as suas actividades de produção e comercialização com base em estimativas da produção vegetal. Há dois factores que são úteis para os agricultores e o governo na tomada de decisões, nomeadamente

a. Ajuda os agricultores a fornecer rendimentos históricos das culturas com uma previsão que reduz a gestão dos riscos.

b. Apoia o governo no desenvolvimento de políticas de seguro de colheitas e políticas para operações da cadeia de abastecimento.

As técnicas de aprendizagem automática são utilizadas para classificar e prever o tempo futuro, para classificar as culturas agrícolas, para modelar e prever a precipitação, para classificar os solos, etc. Por conseguinte, são utilizados vários algoritmos de classificação para prever ou agrupar dados. Uma vez que o departamento agrícola trabalha com grandes quantidades de dados, surgem os seguintes objectivos de investigação.

- O processamento e a obtenção de dados significativos a partir deste manancial de informações agrícolas requerem
- Análise de dados agrícolas com recurso a técnicas de aprendizagem automática
- Apoio aos agricultores através do fornecimento de dados históricos sobre o rendimento das culturas
-Apoio ao governo no desenvolvimento de políticas de seguro de colheitas e políticas para operações da cadeia de abastecimento.

3.3 . Fontes de dados agrícolas

Para o estudo, foram recolhidos dados sobre a agricultura nas seguintes fontes

- Conjunto de dados no sector agrícola

  f [https://data.gov.in/, http://raitamitra.kar.nic.in/statistics],

- Dados agrícolas dos diferentes distritos

  f [http://14.139.94.101/fertimeter/Distkar.aspx],

  f [http://raitamitra.kar.nic.in/ENG/statistics.asp],

- Dados agrícolas por cultura

  f [html://CROPWISE_NORMAL_AREA],

- Dados agrícolas baseados no tempo, na temperatura e na humidade relativa

  [http://dmc.kar.nic.in/trg.pdf].

Vejamos como funciona o algoritmo da árvore de decisão.

3.4 Construção de uma árvore de decisão

É uma das técnicas de aprendizagem automática utilizada para analisar dados e criar modelos de classificação. É utilizada para prever tendências futuras. Também é conhecida como aprendizagem supervisionada. Os modelos de classificação são utilizados para prever etiquetas de classes categóricas, enquanto os modelos de previsão prevêem valores contínuos. Por exemplo, um modelo de classificação é utilizado pelos bancos para classificar os pedidos de empréstimo como seguros ou arriscados. Um modelo de previsão é utilizado para prever os potenciais clientes que irão comprar equipamento informático com base nos seus rendimentos e ocupação.

- O responsável por um empréstimo bancário pretende analisar os dados para prever qual o candidato a empréstimo que representa um risco e qual o que é seguro.
- O diretor de marketing de uma empresa tem de analisar um cliente com um determinado perfil que vai comprar um novo computador.

Em ambos os casos, é criado um modelo para prever as etiquetas categóricas. Estas etiquetas são "arriscado" ou "seguro" para os pedidos de crédito e "sim" ou "não" para os dados de marketing.

A tarefa consiste em criar um modelo que descreva e distinga a classe de dados de um objeto. Este modelo é utilizado para prever a etiqueta da classe de um objeto quando não existe informação disponível sobre a etiqueta da classe (Jiawei et al. 2006). Este é um exemplo de aprendizagem por amostragem. A primeira fase, a construção do modelo, é também conhecida como a fase de formação, na qual é construído um modelo com base nas caraterísticas presentes nos dados de formação. Este modelo é depois utilizado para prever etiquetas de classe para os dados de teste para os quais não existe informação sobre etiquetas de classe. É utilizado um conjunto de dados de teste para determinar a exatidão do modelo. Normalmente, o conjunto de dados dado é dividido num conjunto de dados de treino e num conjunto de dados de teste, sendo o conjunto de dados de treino utilizado para criar o modelo e o conjunto de dados de teste utilizado para o validar.

As árvores de decisão são normalmente utilizadas para visualizar modelos de classificação. Uma árvore de decisão assemelha-se a uma estrutura semelhante a um fluxograma em que cada nó representa um teste para um valor de atributo, os ramos denotam um resultado de teste e as folhas da árvore representam as classes efectivas. Outras técnicas de representação padrão são o K-vizinho mais próximo, os algoritmos de classificação bayesianos, as regras "se-então" e as redes neuronais (Jiawei et al. 2006). É também conhecida como aprendizagem supervisionada. A eficácia da previsão depende do conjunto de dados de treino utilizado para treinar o modelo. Vejamos o exemplo do pedido de empréstimo bancário que discutimos acima. A classificação é um processo em duas fases. São elas,

Estrutura do classificador (fase de treino)

Utilizar classificador (fase de teste)

a) Fase de formação: Esta é a primeira etapa do processo de classificação. Nesta fase, é utilizado um algoritmo de classificação para criar o modelo de classificação.

- O modelo é criado utilizando o conjunto de dados de treino, que contém tuplas rotuladas como conjuntos de dados com as etiquetas de classe associadas. Cada tupla no conjunto de dados de treino é rotulada como uma categoria ou classe. Vamos assumir que o conjunto de dados de treino de um esquema bank_loan contém valores para os seguintes atributos.

Figura 3.1 Árvore de decisão

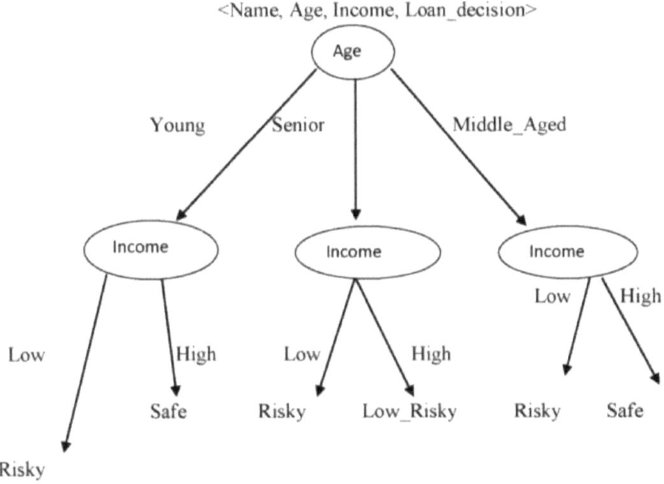

A designação de classe aqui é Loan_decision e as designações de classe possíveis são risky, safe e low_risk. Supondo que o algoritmo de classificação utilize o ID 3, o modelo de classificação é a árvore de classificação mostrada na figura acima. Uma árvore de decisão é uma árvore que contém um nó raiz, ramos e nós folha. Cada nó interno representa um teste para um atributo, cada ramo representa o resultado do teste e cada nó folha contém uma etiqueta de classe. O nó sem pai é o nó raiz. Os nós sem filhos são designados por nós folha e representam o resultado. A árvore de decisão é apresentada na Figura 3.1. Contém um nó raiz designado por Idade, um nó interior designado por Rendimento e uma etiqueta de classe que indica se o empréstimo deve ser concedido ou não. Uma vez construída a árvore, as regras IF-THEN para os nós do nó são utilizadas para encontrar a etiqueta de classe de uma tupla no conjunto de dados de teste. As seis regras seguintes podem ser derivadas da árvore acima.

1. Se a idade = jovem e o rendimento = baixo, a decisão de crédito = arriscada
2. Se a idade for superior e o rendimento for baixo, a decisão de crédito é arriscada
3. Se a idade for média e o rendimento for baixo, a decisão de crédito é arriscada
4. Se a idade = jovem e o rendimento = elevado, a decisão de crédito = seguro
5. Se a idade for média e o rendimento for elevado, a decisão de crédito é segura
6. Se idade=sénior e rendimento=elevado, então Loan_decision=baixo risco

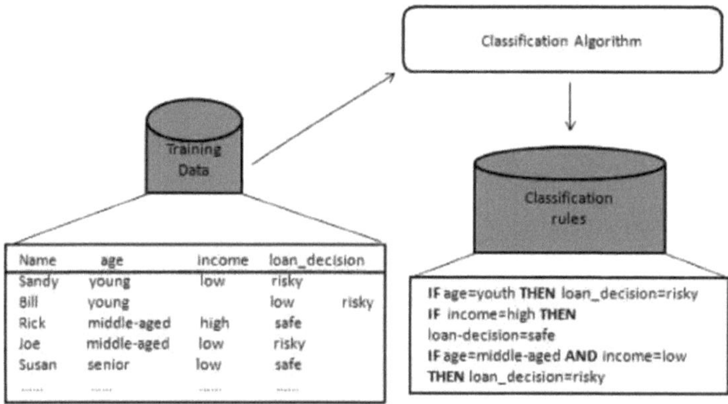

Figura 3.2 Estrutura de um modelo

ii. Fase de teste

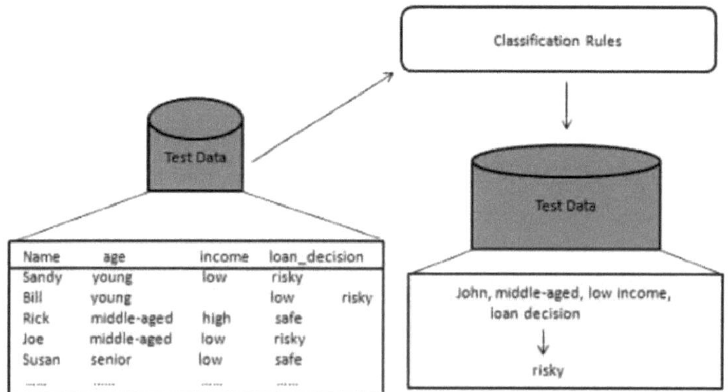

Figura 3.3 Testar o modelo

Uma vez criado o modelo (ver Figura 3.2), o classificador é testado na etapa seguinte utilizando um conjunto de dados de teste (ver Figura 3.3). Aqui, o conjunto de dados de teste é utilizado para medir a exatidão do modelo de classificação. São utilizadas duas métricas diferentes para medir a exatidão de um modelo de classificação: Precisão e Reconhecimento.

3.5 Vantagens do classificador de árvore de decisão

> **Fácil de compreender e interpretar**

As pessoas são capazes de compreender os modelos de árvores de decisão após uma breve explicação. As árvores também podem ser apresentadas graficamente de forma a serem fáceis de interpretar por não especialistas.

> **Capacidade de tratar dados numéricos e categóricos**

Outras técnicas são geralmente especializadas na análise de conjuntos de dados que contêm apenas um tipo de variável.

> **Requer pouca preparação de dados**

Outras técnicas requerem frequentemente a normalização dos dados. Uma vez que as árvores podem processar preditores qualitativos, não é necessário criar variáveis fictícias.

> **Utiliza o modelo de caixa branca**

Se uma determinada situação for observável num modelo, a explicação do estado pode ser facilmente explicada utilizando a lógica booleana. Em contrapartida, com um modelo de caixa negra, a explicação dos resultados é geralmente difícil de compreender.

> **Possibilidade de validação do modelo através de testes estatísticos**

Isto permite ter em conta a fiabilidade do modelo. Abordagem não estatística que não faz suposições sobre os dados de treino ou os resíduos da previsão.

> **Bom desempenho com grandes conjuntos de dados**

Grandes quantidades de dados podem ser analisadas com recursos informáticos normais num período de tempo razoável.

- **reflecte melhor a tomada de decisão humana do que outras abordagens**

  Isto pode ser útil para modelar decisões/comportamentos humanos.

- **Robustez**

  Robusto contra a co-linearidade, especialmente contra os reforços.

3.6 Trabalho de investigação

Niketa et al [1] utilizaram técnicas de aprendizagem automática para a previsão de colheitas na Índia. Utilizaram a máquina de vectores de apoio (SVM) para construir um modelo a partir de um conjunto de dados de treino rotulados. Este modelo pode ser um modelo de classificação ou um modelo de regressão geral. O algoritmo de otimização mínima sequencial (SMO) foi utilizado para investigar o desempenho da sua técnica no conjunto de dados. Os resultados são demonstrados utilizando o WEKA como ferramenta para o algoritmo SMO. O inconveniente desta abordagem é a baixa precisão e qualidade. Os resultados mostram que classificadores como o Naive Bayes, o BayesNet e o Multilayer Perceptron têm um melhor desempenho, uma vez que apresentam uma elevada exatidão, sensibilidade e especificidade em comparação com o classificador SMO. Em termos de exatidão e qualidade do teste, o BayesNet e o Multilayer Perceptron apresentaram a maior exatidão e a melhor qualidade em comparação com o classificador SMO. Com base nos resultados, foram recomendados outros classificadores para desenvolvimento posterior.

Rakesh et.al. [2] analisaram o método de seleção de culturas (CSM) para resolver o problema da seleção de culturas e maximizar o rendimento líquido ao longo de diferentes estações, a fim de alcançar o máximo crescimento económico do país. Este método melhora o rendimento líquido de diferentes culturas. O algoritmo CSM funciona através da previsão antecipada do rendimento das culturas com base nalgumas condições e fornece a sequência de culturas que proporciona o rendimento mais elevado. O método CSM identifica todas as culturas possíveis a serem semeadas num determinado momento. As taxas de rendimento destas culturas são mais justas do que as das culturas que são selecionadas para cultivo em condições normais. O método CSM pode melhorar a taxa de rendimento líquido das culturas a plantar ao longo das estações. O desempenho e a precisão do método CSM dependem dos valores previstos dos parâmetros influentes, pelo que é necessário um método de previsão com maior precisão e elevado desempenho.

Niketa et.al,[3] propuseram um sistema de apoio à decisão para a previsão do rendimento do arroz em Maharashtra, na Índia. Foi criada uma interface gráfica do utilizador (GUI) para os decisores. A interface permite a seleção da gama de precipitação, da temperatura mínima, da temperatura média, da temperatura máxima e da evapotranspiração da cultura de referência e prevê a classe de rendimento esperada. O protótipo do sistema de apoio à decisão (DSS) permite a previsão do rendimento do arroz em Maharashtra, na Índia. Também visualiza os dados históricos. Foi desenvolvido um shell DSS que permite ao utilizador interagir com o modelo. O utilizador pode selecionar os parâmetros e executar o modelo para prever o rendimento. A informação sobre o clima e o solo é depois integrada no sistema DSS.

Suvajit et.al[4] apresentaram uma árvore de decisão que gera regras a partir dos conjuntos de dados de treino, que podem conter atributos categóricos e numéricos. As regras geradas podem ser utilizadas para prever a etiqueta da classe de um novo conjunto de dados. Mostraram que o C4.5 tem um bom desempenho tanto na classificação do conjunto de dados como na geração de regras úteis. É apresentada uma interface de utilizador baseada na Web para a geração de regras e a indução de árvores de decisão utilizando o algoritmo C4.5. Os resultados são apresentados sob a forma de uma estrutura em árvore, o que melhora a compreensão das regras geradas. O software Online Decision Tree Classification (ODTC) é de acesso livre em qualquer altura. A segurança é garantida, uma vez que só um utilizador autenticado pode aceder ao sistema. O sistema tem como principal objetivo

Desenvolvimento de sistemas periciais que requerem conhecimentos sob a forma de regras. A ODTC também facilita aos investigadores a formulação de regras a partir das suas descobertas, o que pode facilitar a tomada de decisões e outras actividades analíticas. Oferece também a possibilidade de visualizar as regras geradas sob a forma de uma árvore de decisão, o que melhora a compreensão das regras geradas. Estas regras também podem ser exportadas e guardadas em formato Excel. O ODTC também oferece a possibilidade de imprimir a árvore de decisão. O sistema pode ser utilizado para extrair padrões ocultos em grandes conjuntos de dados utilizando o algoritmo C4.5.

Zhihao et al[5] descreveram a metodologia baseada em dados para a construção de sistemas de aquisição e modelação de dados na agricultura de precisão (AP). Para a recolha de dados, foi desenvolvido um nó sensor sem fios reativo para captar a dinâmica da humidade do solo utilizando o Micaz Mote e o sensor de humidade do solo VH400. O dispositivo protótipo será testado no terreno para demonstrar a funcionalidade e a capacidade de reação dos sensores.

No que respeita à análise de dados, será criado um quadro de previsão da humidade do solo único e específico para cada local, com base num modelo gerado por técnicas de aprendizagem automática utilizando SVM (Support Vetor Machine) e RVM (Relevance Vetor Machine). A previsão dos valores de humidade do solo é uma das práticas comuns na plantação agrícola. A desvantagem é que os dados devem ser reduzidos. A aplicação de dados reais e ruidosos de previsão meteorológica pode ser efectuada em trabalhos futuros.

Savvas et.al[6] aplicaram técnicas de aprendizagem automática para extrair automaticamente novos conhecimentos sob a forma de regras de decisão generalizadas para a gestão óptima de recursos naturais como a água, as plantas e o solo. O modelo de aplicação proposto para a aprendizagem automática baseia-se num processo indutivo e iterativo de descoberta de conhecimentos, com base no qual os padrões e associações inicialmente emergentes são reexaminados para alargar os conhecimentos já existentes. Um dos principais objectivos deste trabalho é extrair conhecimentos dos dados agrícolas disponíveis e criar modelos fáceis de utilizar. Embora as regras derivadas tenham sido consideradas razoáveis pelos peritos, é necessário mais trabalho para verificar a avaliação acima referida.

Tahmid et.al,[7] propôs uma cultura baseada na área antes do método de cultivo. Este método indica as culturas que são rentáveis para o cultivo numa determinada área. Para obter estes resultados, consideramos seis culturas principais, nomeadamente Aus rics, arroz Aman e arroz Boro, batata, juta e trigo. A previsão baseia-se na análise de um conjunto de dados estáticos utilizando técnicas de aprendizagem automática supervisionada. Neste estudo, foram utilizados dois algoritmos de aprendizagem automática supervisionada para a classificação. Os métodos de aprendizagem de árvores de decisão ID3 (Iterative Dichotomiser 3) e KNNR (K-Nearest Neighbor Regression) descobrem os padrões no conjunto de dados que contém os valores médios de temperatura e precipitação obtidos durante todo o período de cultivo de seis grandes culturas em dez grandes cidades do Bangladesh nos últimos 12 anos. O ID3 utiliza a tabela da árvore de decisão que consiste nos domínios de dados da precipitação, da temperatura e do rendimento. O algoritmo de aprendizagem por árvore de decisão ID3 permite obter uma percentagem de erro inferior à do algoritmo KKNR sem omitir os valores anómalos do conjunto de dados.

Anusha et.al,[8] sugeriu a possibilidade de aplicar diferentes tipos de algoritmos de extração mineira para extrair informações importantes sobre as plantas. Neste trabalho, foram experimentadas diferentes tarefas de aprendizagem automática, como a classificação, a agregação e a associação, para explorar os dados fornecidos utilizando o pacote Weka. As técnicas de aprendizagem automática são utilizadas para a classificação e a previsão do tempo futuro, a classificação das culturas agrícolas, a modelação e a previsão da precipitação e a classificação dos solos, etc. Neste projeto, são apresentados algoritmos de aprendizagem automática eficientes para os dados agrícolas do Estado de Assam. Assim, são utilizados vários algoritmos de classificação e de agrupamento para prever e agrupar dados, respetivamente. Para a classificação, é utilizado um algoritmo de classificação Logistic Model Tree (LMT). Na agregação de dados, o K-mean apresenta melhores resultados do que outros algoritmos. As ferramentas de aprendizagem automática podem ser utilizadas para prever tendências nos produtos e rendimentos agrícolas.

Veenadhari et.al,[10] tentaram realizar estudos de investigação sobre a aplicação de técnicas de aprendizagem automática no domínio da agricultura. Há um número crescente de aplicações de técnicas de aprendizagem automática na agricultura e uma quantidade crescente de dados atualmente disponíveis a partir de muitas fontes. Trata-se de um domínio de investigação relativamente novo que continuará a crescer no futuro. Há ainda muito a fazer neste domínio de investigação emergente e interessante. A aplicação de uma série de estratégias de aprendizagem automática a problemas no domínio da agricultura e da horticultura. Os autores apresentam uma breve panorâmica de algumas das técnicas utilizadas na investigação sobre aprendizagem automática, descrevem um banco de trabalho de software para experimentar uma variedade de técnicas em conjuntos de dados reais e descrevem um estudo de caso de gestão de rebanhos leiteiros em que as regras de abate foram derivadas de uma base de dados de média dimensão com informações sobre os rebanhos. As ferramentas de aprendizagem automática prevêem tendências e comportamentos futuros e permitem às empresas tomar decisões preditivas e baseadas no conhecimento.

Rahul et.al,[9] constatou que a criação de regras com maior precisão para bases de dados agrícolas é geralmente uma tarefa complexa. Existem numerosos algoritmos que podem ser utilizados para gerar regras, mas é sempre um problema obter regras com maior precisão. Foram demonstradas duas técnicas diferentes para a extração de conjuntos de dados agrícolas: A extração de regras de associação e as técnicas de classificação. As regras geradas a partir da técnica de classificação são incluídas na previsão de uma única caraterística (atributo de classe), enquanto a geração de regras de associação pode incluir qualquer atributo. Ambas as técnicas são úteis para a extração de bases de dados do mercado bolsista através de vários algoritmos como o Apriori, ID3, C4.5, etc. O Apriori é utilizado para encontrar padrões frequentes na base de dados. O ID3 (Iterative Dichomiser 3) é utilizado para criar a árvore de decisão. O C4.5 é utilizado para criar regras de classificação a partir de árvores de decisão.

Quadro 3.1 Resumo das técnicas de aprendizagem automática na agricultura

Title	Metrics	Demerits
Efficient machine learning algorithms for Agriculture data (Anusha A. Shettar, 2016)	Logistic mode tree gives better results and K-means provides better performance	Logistic mode tree take more execution time
Rule Based and Association Rule Mining On Agriculture Dataset (Dr. Rahul G, 2014)	Extract hidden Knowledge from the huge agricultural database	Difficult to select appropriate machine learning algorithm for the specific database
Knowledge discovery on Agricultural dataset Using Association Rule Mining (Farah Khan, 2014)	Wheat gives good yield Soybean and Bajra gives excellent results with the combination of black soil and high pH level	Apriori algorithm is very slow
Machine learning Techniques for Predicting crop Productivity (Veenadhari S, 2011)	K-means approach is used to classify soils and crops	Need efficient technique for predicting crop productivity
Machine learning approach for forecasting crop yield based on	Higher accuracy of prediction for different crops	Input parameters varies with individual fields in

climatic parameters Author: Dr. Bharat Misra, 2014		space and time
Predictive ability of machine learning methods for massive crop yield prediction (Albert Gonzalez-Sanchez, 2014)	ANN have reported better performance than classical statistical methods	Machine learning technique are complex
Machine learning techniques and Applications to Agricultural Yield Data Ramesh.D, 2013	Achieve high accuracy in terms of yield prediction capabilities	Some machine learning technique have not yet applied to agricultural problems

O quadro 3.1 mostra que a aprendizagem por árvore de decisão utiliza uma árvore de decisão (como modelo preditivo) para passar de observações sobre um elemento (apresentadas nos ramos) para conclusões sobre o valor-alvo do elemento (apresentadas nas folhas). Esta é uma das abordagens à modelação preditiva utilizada em estatística, aprendizagem automática e aprendizagem automática.

A indução de árvores de decisão é uma das formas mais simples e, no entanto, mais bem sucedidas de aprendizagem automática. Na análise de decisões, uma árvore de decisão pode ser utilizada para visualizar e representar explicitamente as decisões e a tomada de decisões.

Existem muitos algoritmos especiais de árvores de decisão. Os mais conhecidos são o ID3 (Iterative Dichotomiser 3), o C4.5 (sucessor do ID3) e o CHAID (CHI-squared Automatic Interaction Detetor).

A árvore de classificação é, portanto, utilizada quando o resultado previsto é uma classe que contém atributos de classe categóricos, e a árvore de regressão é utilizada quando o resultado previsto pode ser considerado como um número real.

O termo análise de árvores de classificação e regressão (CART) é um termo genérico para ambos os métodos acima referidos, que foi introduzido pela primeira vez por Breiman et al. As árvores de regressão e de classificação têm algumas semelhanças, mas também algumas diferenças, como o método utilizado para determinar a divisão.

As árvores de reforço constroem gradualmente um conjunto, treinando cada nova instância para realçar as instâncias de treino previamente modeladas de forma incorrecta. Um exemplo típico é o AdaBoost. Estas árvores podem ser utilizadas para problemas de regressão e classificação.

As árvores de decisão, um dos primeiros métodos de conjunto, criam múltiplas árvores de decisão através de uma reamostragem repetida dos dados de treino com substituição e correspondência de árvores para uma previsão consensual.

Floresta de rotação, em que cada árvore de decisão é treinada aplicando primeiro uma análise de componentes principais (PCA) a um subconjunto aleatório das caraterísticas de entrada. A árvore de decisão tem, portanto, as seguintes vantagens.

1) Fácil de compreender e interpretar: As pessoas são capazes de compreender os modelos de árvores de decisão após uma breve explicação. As árvores também podem ser apresentadas graficamente de forma a serem fáceis de interpretar por não especialistas.
2) Pode tratar dados numéricos e categóricos: Outras técnicas são geralmente especializadas na análise de conjuntos de dados que contêm apenas um tipo de variável.
3) Requer pouca preparação dos dados: Outras técnicas requerem frequentemente a normalização dos dados. Uma vez que as árvores podem processar preditores qualitativos, não é necessário criar variáveis fictícias.
4) Utiliza o modelo de caixa branca: se uma determinada situação for observável num modelo, a explicação do estado pode ser facilmente explicada utilizando a lógica booleana. Em contrapartida, com um modelo de caixa negra, a explicação dos resultados é normalmente difícil de compreender.
5) Possibilidade de validação do modelo através de testes estatísticos: permite verificar a fiabilidade do modelo. Abordagem não estatística que não faz suposições sobre os dados de treino ou os resíduos da previsão.
6) Bom desempenho com grandes quantidades de dados: Podem ser analisadas grandes quantidades de dados com recursos informáticos normais num período de tempo razoável.
7) Reflecte melhor a tomada de decisão humana do que outras abordagens: Este facto pode ser útil para modelar as decisões/comportamentos humanos.
8) Robustez: Robusto contra a co-linearidade, especialmente contra os reforços.

Por conseguinte, o próximo capítulo explica como a árvore de decisão pode ser utilizada no processo de descoberta de conhecimentos utilizando dados agrícolas.

Capítulo 4 PROGNÓSTICO DE COLHEITA EM TEMPO REAL COM APRENDIZAGEM AUTOMÁTICA

4.1 Introdução

A produção agrícola depende de factores edáficos, climáticos, geográficos, biológicos, políticos e económicos. Muitas técnicas de aprendizagem automática são utilizadas para aumentar o rendimento das culturas. Uma vez que a aprendizagem automática é muito flexível e fácil de implementar, pode ser uma aplicação potencial para um utilizador. As técnicas de aprendizagem automática oferecem muitos métodos, como algoritmos de árvores de decisão, algoritmos genéticos, redes neuronais, conjuntos aproximados, conjuntos difusos, bem como muitas estratégias híbridas de classificação e previsão. Os algoritmos de aprendizagem automática identificam as relações entre as variáveis de um sistema (como entrada, saída e oculto) a partir de representantes diretos do sistema.

O objetivo da aprendizagem automática supervisionada é criar um modelo que faça previsões com base em provas, mesmo que existam incertezas (ver Figura 4.1). À medida que os algoritmos adaptativos reconhecem padrões nos dados, um computador "aprende" com as observações. medida que o computador recebe mais observações, o seu desempenho de previsão melhora. Um algoritmo de aprendizagem supervisionada utiliza um conjunto conhecido de dados de entrada e respostas conhecidas aos dados (saídas) e *treina* um modelo para fazer previsões adequadas para responder a novos dados. As tarefas sugeridas para a previsão de colheitas são apresentadas na Figura 4.2.

Figura 4.1 Aprendizagem supervisionada

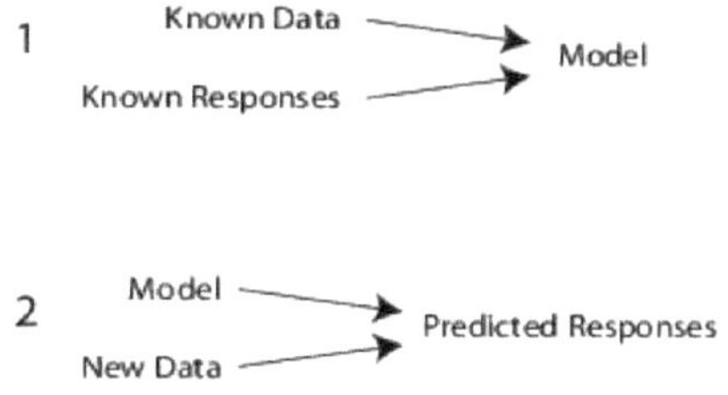

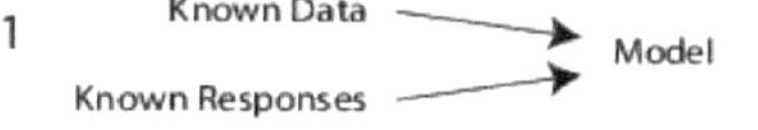

4.2 Fluxo do processo

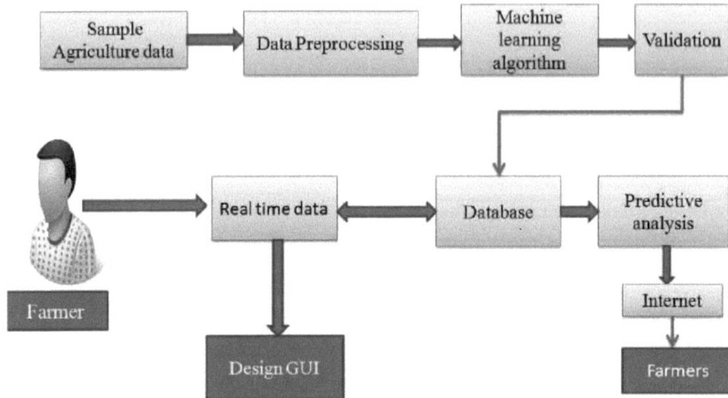

Figura 4.2 Principais tarefas

Consiste nas seguintes tarefas principais. São elas,

i) **Recolha de dados** - Os dados são recolhidos de várias fontes

ii) **Pré-processamento dos dados** - Os dados são preparados através da remoção de atributos indesejados e incompletos utilizando métodos de pré-processamento.

iii) **Classificação** -O modelo de aprendizagem supervisionada é desenvolvido com o objetivo de Colheita com base na quantidade de formação

iv) **Previsão** -O conjunto de dados de teste é aplicado, o desempenho do modelo é medido

A produção agrícola depende de factores edáficos, climáticos, geográficos, biológicos, políticos e económicos. Muitas técnicas de aprendizagem automática são utilizadas para aumentar o rendimento das culturas. Uma vez que a aprendizagem automática é muito flexível e fácil de implementar, pode ser uma aplicação potencial para um utilizador. As técnicas de aprendizagem automática oferecem muitos métodos, como algoritmos de árvores de decisão, algoritmos genéticos, redes neuronais, conjuntos aproximados, conjuntos difusos, bem como muitas estratégias híbridas.

para classificação e previsão. Os algoritmos de aprendizagem automática identificam as relações entre as variáveis de um sistema (tais como entrada, saída e oculto) a partir de representantes diretos do sistema O sistema de previsão consiste nas seguintes actividades

- Recolha de dados
- Pré-processamento de dados
- Preparação dos dados
- Repartição dos dados
- Árvore de classificação
- Árvore de regressão
- Critérios de avaliação

Vejamos em pormenor as funções de cada um dos módulos.

a) Recolha de dados

A recolha de dados é o processo de recolha e medição de informações sobre variáveis específicas. A recolha de dados permite a uma pessoa ou organização responder a questões relevantes, avaliar resultados e fazer previsões sobre probabilidades e tendências futuras.

b) Pré-processamento de dados

O pré-processamento de dados é uma técnica em falta que envolve a conversão de dados brutos num formato compreensível. As principais tarefas do pré-processamento de dados são a limpeza, a integração, a transformação e a redução de dados.

c) Preparação dos dados

Neste contexto, a preparação de dados significa a preparação de dados numa forma adequada para posterior análise e processamento. Os componentes da preparação de dados incluem a recolha de dados, a definição de perfis, a limpeza, a validação e a conversão; os dados de vários sistemas internos e fontes externas são frequentemente fundidos no processo.

d) Repartição dos dados

Na divisão de dados, os dados disponíveis são divididos em duas partes, normalmente para efeitos de validação cruzada. Uma parte dos dados é utilizada para desenvolver um modelo de previsão e a outra para avaliar o desempenho do modelo.

e) Árvores de classificação

As árvores de classificação são utilizadas para dividir conjuntos de dados em diferentes classes com base na variável de resposta. São utilizadas quando a variável de resposta é de natureza categórica.

f) Árvores de regressão

A árvore de regressão é utilizada para problemas de previsão em comparação com a classificação. Se a variável resposta (ou) alvo for contínua (ou) numérica, é utilizada a árvore de regressão.

g) Critérios de avaliação

A avaliação do programa baseia-se em cinco critérios fundamentais: Relevância, eficácia, eficiência, impacto global no desenvolvimento e sustentabilidade.

4.3 Condições ambientais

A tarefa de aprendizagem automática proposta é implementada e testada com as seguintes configurações de hardware e software. A técnica proposta é implementada utilizando o programa R. A descrição é apresentada a seguir.

a) Requisitos de hardware

Processador	Processador dual-core 2.6.0 GHZ
RAM	: 1GB
disco rígido	160 GB
Teclado	: Teclado padrão
Monitor	: Monitor a cores de 15 polegadas

b) Requisitos de software

O sistema operativo	Sistema operativo Windows (XP, 2007, 2008, 2010)
Página inicial	R-Tool e XAMPP
Extremidade traseira	Sra. Access

O R é uma linguagem e um ambiente para cálculos estatísticos e gráficos. O R oferece uma variedade de técnicas estatísticas (modelação linear e não linear, testes estatísticos clássicos, análise de séries temporais, classificação, agrupamento, etc.) e gráficas altamente extensíveis. O R oferece uma forma de código aberto para participar nesta atividade. Um dos pontos fortes do R é a facilidade com que podem ser criados gráficos bem concebidos e com qualidade de publicação, incluindo símbolos matemáticos e fórmulas quando necessário. As predefinições para as pequenas opções de desenho gráfico foram escolhidas com grande cuidado, mas o utilizador mantém o controlo total.

O R está disponível como software livre sob os termos da Licença Pública Geral GNU da Free Software Foundation sob a forma de código fonte. Pode ser compilado e executado numa variedade de plataformas UNIX e sistemas semelhantes (incluindo FreeBSD e Linux), Windows e MacOS.

O R é um pacote de software integrado para manipulação de dados, cálculo e visualização gráfica. Inclui

- uma instalação eficaz para o tratamento e armazenamento de dados,
- uma série de operadores para cálculos em matrizes, em particular em matrizes,
- uma coleção ampla, coerente e integrada de ferramentas para a análise de dados,
- opções gráficas para análise e apresentação de dados no ecrã ou em papel, e
- Linguagem de programação bem desenvolvida, simples e eficaz que inclui condicionais, loops, funções recursivas definidas pelo utilizador e opções de entrada e saída.

O termo "ambiente" destina-se a caracterizá-lo como um sistema totalmente planeado e coerente e não como uma acumulação gradual de ferramentas muito específicas e inflexíveis, como acontece frequentemente com outros programas informáticos de análise de dados.

Para tarefas computacionalmente intensivas, o código C, C++ e FORTRAN pode ser ligado e chamado em tempo de execução. Os utilizadores avançados podem escrever código C para manipular objectos R diretamente. Existem cerca de oito pacotes que vêm com a distribuição R e muitos mais estão disponíveis através da família de sítios Web CRAN, que cobrem uma vasta gama de estatísticas modernas. O algoritmo de classificação ID3 foi implementado com o R e é descrito de seguida.

4.4 Algoritmo ID3

Nesta secção, o processo específico de construção da árvore de decisão é descrito da seguinte forma: É um algoritmo de aprendizagem supervisionada que é utilizado principalmente para problemas de classificação. Funciona tanto para variáveis dependentes categóricas como contínuas. A divisão é baseada em atributos significativos e variáveis independentes para permitir um grupo único. A decisão é tomada depois de todos os atributos terem sido calculados. As regras de classificação são representadas pelo caminho desde a raiz até ao nó folha. O CART (Classification and Regression Trees) segue uma abordagem gulosa em que as árvores de decisão são construídas numa divisão e conquista recursiva de cima para baixo. A maioria dos algoritmos de indução de árvores de decisão também segue essa abordagem descendente. O algoritmo ID3 é descrito em pormenor na secção seguinte.

A entrada para o algoritmo é um

Partição de dados D, ou seja, um conjunto de tuplos de treino e as etiquetas de classe associadas; lista de atributos, o conjunto de atributos candidatos; método_de_selecção_de_atributos, um método para determinar o critério de divisão que "melhor" divide os tuplos de dados em classes individuais. Este critério consiste num atributo_de_divisão e, possivelmente, num ponto de divisão ou num subconjunto de divisão.

E o resultado é

- Uma árvore de decisão

As etapas do algoritmo são apresentadas de seguida.

Passo 1 : Criar um nó N
Passo 2 : Se os tuplos em D pertencerem todos à mesma classe C, então
Passo 3 : Devolver N como um nó folha rotulado com a classe C;
Passo 4 : se a lista de atributos estiver vazia, então
Passo 5 : Devolver N como um nó folha rotulado com a classe maioritária em D; // Decisão maioritária

Passo 6 : Utilizar o método de seleção de atributos (D, lista de atributos) para determinar o "melhor" método
Passo 7 : Rotular o nó N com o critério de divisão;
Passo 8 : se os atributos_de_divisão forem valores discretos e
Passo 9 : attribute_list<- attribute_list - splitting_attribute; // remove splitting_attribute
Passo 10 : Para cada resultado j do critério de atribuição
Passo 11 : Seja Dj o conjunto de tuplos de dados em D que satisfazem o resultado j;
Passo 12 : Se Dj estiver vazio, então
Passo 13 : Uma folha rotulada com a classe maioritária em D é anexada ao nó N.
Passo 14 : Caso contrário, o nó devolvido por Generate_decision_tree (Dj, lista de atributos) é anexado ao nóN ;
Passo 15 : Regressar a N;

4.5 Análise em tempo real de dados agrícolas

Como descrito na secção 3.3, os dados agrícolas em tempo real são recolhidos de várias fontes e estruturados como mostra a figura 4.3. Os dados são provenientes do Estado de Karnataka, na Índia. A necessidade de prever com exatidão os dados sobre as culturas é a razão para desenvolver um novo sistema de previsão de culturas. Este sistema dá aos agricultores acesso a informações sobre as culturas em tempo real. Ao explorar os dados agrícolas, os agricultores podem efetuar investimentos, inovações e políticas agrícolas informadas.

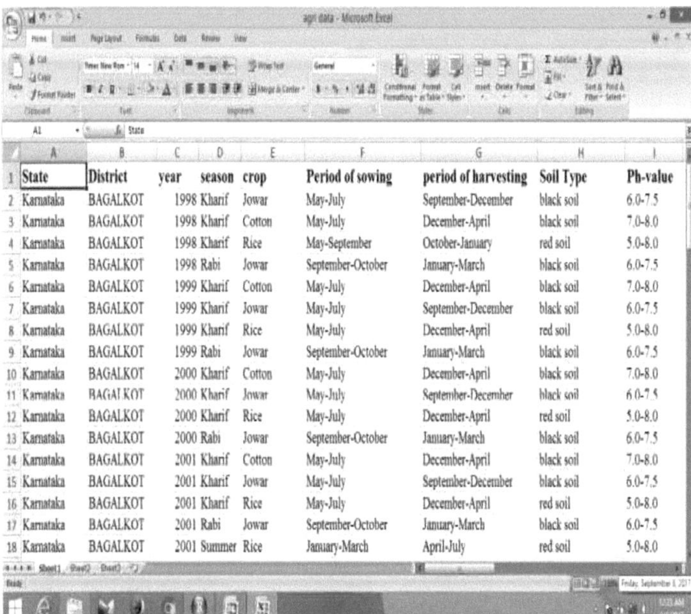

State	District	year	season	crop	Period of sowing	period of harvesting	Soil Type	Ph-value
Karnataka	BAGALKOT	1998	Kharif	Jowar	May-July	September-December	black soil	6.0-7.5
Karnataka	BAGALKOT	1998	Kharif	Cotton	May-July	December-April	black soil	7.0-8.0
Karnataka	BAGALKOT	1998	Kharif	Rice	May-September	October-January	red soil	5.0-8.0
Karnataka	BAGALKOT	1998	Rabi	Jowar	September-October	January-March	black soil	6.0-7.5
Karnataka	BAGALKOT	1999	Kharif	Cotton	May-July	December-April	black soil	7.0-8.0
Karnataka	BAGALKOT	1999	Kharif	Jowar	May-July	September-December	black soil	6.0-7.5
Karnataka	BAGALKOT	1999	Kharif	Rice	May-July	December-April	red soil	5.0-8.0
Karnataka	BAGALKOT	1999	Rabi	Jowar	September-October	January-March	black soil	6.0-7.5
Karnataka	BAGALKOT	2000	Kharif	Cotton	May-July	December-April	black soil	7.0-8.0
Karnataka	BAGALKOT	2000	Kharif	Jowar	May-July	September-December	black soil	6.0-7.5
Karnataka	BAGALKOT	2000	Kharif	Rice	May-July	December-April	red soil	5.0-8.0
Karnataka	BAGALKOT	2000	Rabi	Jowar	September-October	January-March	black soil	6.0-7.5
Karnataka	BAGALKOT	2001	Kharif	Cotton	May-July	December-April	black soil	7.0-8.0
Karnataka	BAGALKOT	2001	Kharif	Jowar	May-July	September-December	black soil	6.0-7.5
Karnataka	BAGALKOT	2001	Kharif	Rice	May-July	December-April	red soil	5.0-8.0
Karnataka	BAGALKOT	2001	Rabi	Jowar	September-October	January-March	black soil	6.0-7.5
Karnataka	BAGALKOT	2001	Summer	Rice	January-March	April-July	red soil	5.0-8.0

Figura 4.3 Dados agrícolas em tempo real

As etapas do algoritmo de classificação são apresentadas de seguida.

i) **Instalar pacotes**

install. Packages("rpart.plot")

library(rpart)

library(rpart.plot)

ii) **Importar os dados**

setwd(dir)

a<-file.Choose()

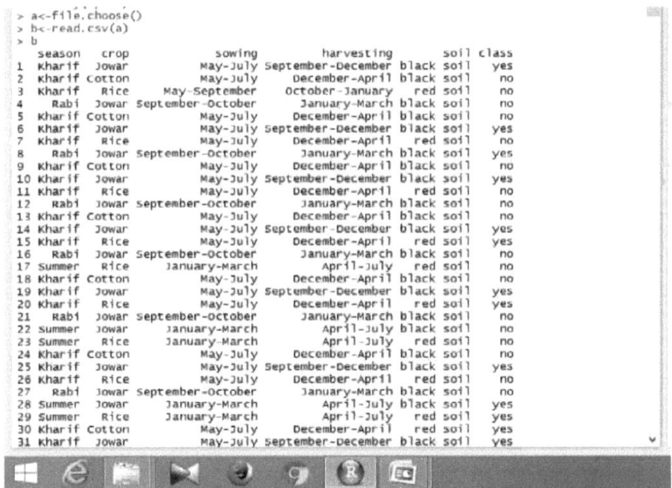

```
> a<-file.choose()
> b<-read.csv(a)
> b
```

	season	crop	sowing	harvesting	soil	class
1	Kharif	Jowar	May-July	September-December	black soil	yes
2	Kharif	Cotton	May-July	December-April	black soil	no
3	Kharif	Rice	May-September	October-January	red soil	no
4	Rabi	Jowar	September-October	January-March	black soil	no
5	Kharif	Cotton	May-July	December-April	black soil	no
6	Kharif	Jowar	May-July	September-December	black soil	yes
7	Kharif	Rice	May-July	December-April	red soil	no
8	Rabi	Jowar	September-October	January-March	black soil	yes
9	Kharif	Cotton	May-July	December-April	black soil	no
10	Kharif	Jowar	May-July	September-December	black soil	yes
11	Kharif	Rice	May-July	December-April	red soil	no
12	Rabi	Jowar	September-October	January-March	black soil	no
13	Kharif	Cotton	May-July	December-April	black soil	no
14	Kharif	Jowar	May-July	September-December	black soil	yes
15	Kharif	Rice	May-July	December-April	red soil	yes
16	Rabi	Jowar	September-October	January-March	black soil	no
17	Summer	Rice	January-March	April-July	red soil	no
18	Kharif	Cotton	May-July	December-April	black soil	no
19	Kharif	Jowar	May-July	September-December	black soil	yes
20	Kharif	Rice	May-July	December-April	red soil	yes
21	Rabi	Jowar	September-October	January-March	black soil	no
22	Summer	Jowar	January-March	April-July	black soil	no
23	Summer	Rice	January-March	April-July	red soil	no
24	Kharif	Cotton	May-July	December-April	black soil	no
25	Kharif	Jowar	May-July	September-December	black soil	yes
26	Kharif	Rice	May-July	December-April	red soil	no
27	Rabi	Jowar	September-October	January-March	black soil	no
28	Summer	Jowar	January-March	April-July	black soil	yes
29	Summer	Rice	January-March	April-July	red soil	yes
30	Kharif	Cotton	May-July	December-April	red soil	yes
31	Kharif	Jowar	May-July	September-December	black soil	yes

Figura 4.4 Importar os dados

iii) **Ler os dados:** No R, leia os dados do ficheiro CSV no diretório de trabalho e apresente os dados

Figura 4.5 Ler os dados

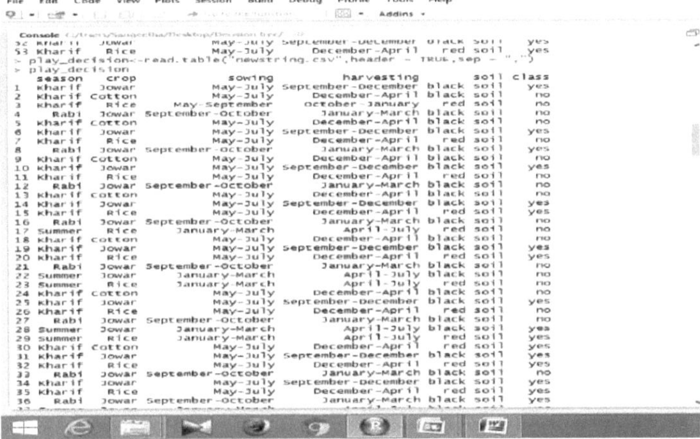

iv) Mostrar resumo: Mostrar o resumo de play_decision

resumo(decisão_do_jogo)

Figura 4.6 Visualização dos dados de síntese

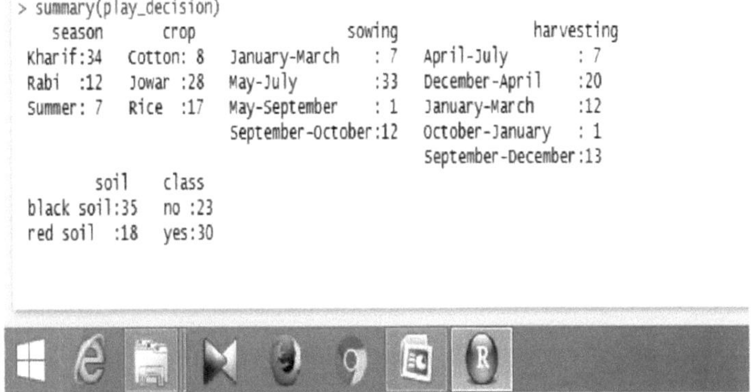

v) Utilização da função rpart: Criação de uma árvore de decisão fit<-rpart(class ~ season+crop+sowing+harvesting+soil, method = "class", data = play_decision)

vi) Exibir resumo: Esta função é utilizada para criar um resumo do modelo criado a partir do rpart.
Resumo(ajuste)

Figura 4.7 Modelação da árvore de decisão

vii) Utilização da função rpart.plot(): A função rpart.plot() do pacote rpart.plot pode ser utilizada para visualizar o resultado de uma árvore de decisão

?rpart.plot

rpart.plot(fit)

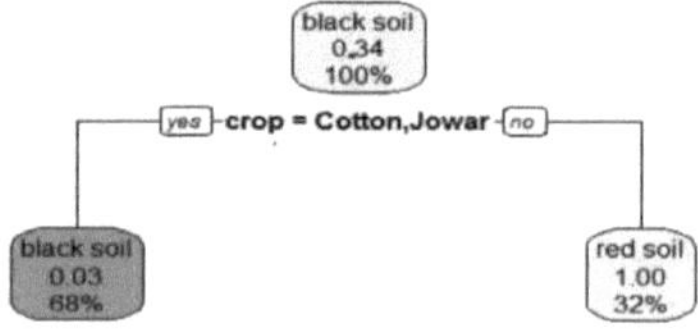

Figura 4.8 Visualização do resultado do algoritmo ID3

viii)Validação: A função printcp() "devolve as estimativas de validação cruzada do erro de classificação (xerror), os erros padrão (xstd) dessas estimativas e as estimativas de treino (resubstituição) (erro)".

Printcp(fit)

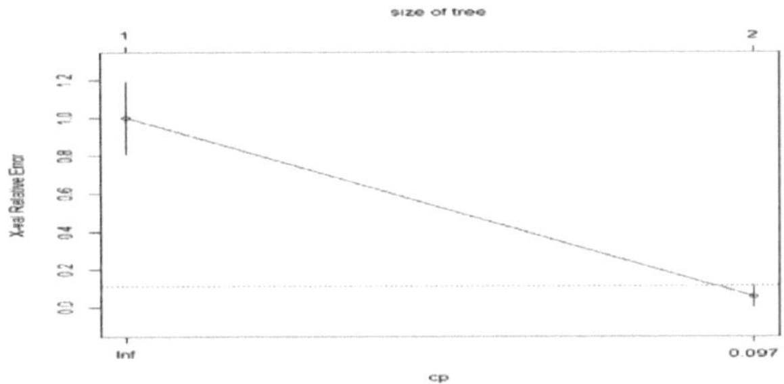

Figura 4.9 Visualização do resultado da validação

ix) Saída: fornece uma representação visual dos resultados da validação cruzada.

Figura 4.10 Exatidão da árvore de decisão

Plotcp(fit)

```
> confusionMatrix(play_decision$soil,s)[2:3]
$table
            Reference
Prediction   black soil red soil
  black soil         35        0
  red soil            1       17

$overall
      Accuracy          Kappa  AccuracyLower  AccuracyUpper   AccuracyNull
  9.811321e-01   9.573612e-01   8.992985e-01   9.995224e-01   6.792453e-01
AccuracyPValue  McnemarPValue
  3.257231e-08   1.000000e+00
```

A avaliação experimental é efectuada após a aplicação da técnica de árvore de decisão ID3 utilizando R no conjunto de dados de Karnataka, Índia. O R foi utilizado para criar o algoritmo. Foram definidos vários parâmetros para o algoritmo da árvore de decisão, a fim de melhorar o cultivo. Os resultados de cada etapa são apresentados nas figuras 4.3 a 4.10.

ANEXO A

CRIAÇÃO DE CONJUNTOS DE DADOS

As figuras seguintes mostram o conjunto de treino preparado a partir de dados em tempo real recolhidos no distrito de Karnataka, na Índia. Inclui a recolha de dados, o seu pré-processamento e a estruturação dos dados num formato aceite por um algoritmo de aprendizagem automática.

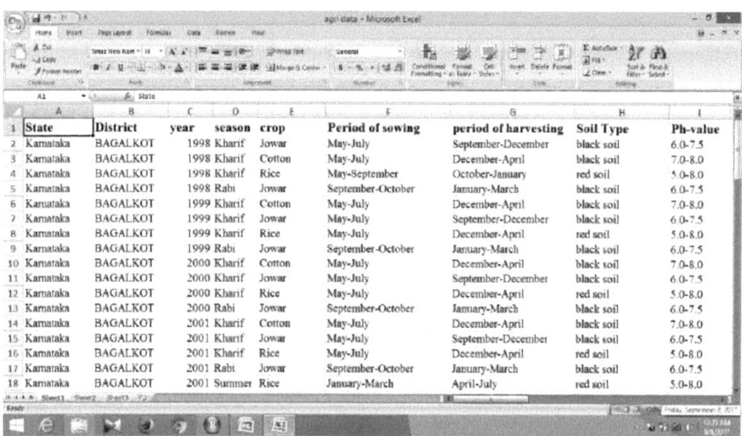

	State	District	year	season	crop	Period of sowing	period of harvesting	Soil Type	Ph-value
2	Karnataka	BAGALKOT	1998	Kharif	Jowar	May-July	September-December	black soil	6.0-7.5
3	Karnataka	BAGALKOT	1998	Kharif	Cotton	May-July	December-April	black soil	7.0-8.0
4	Karnataka	BAGALKOT	1998	Kharif	Rice	May-September	October-January	red soil	5.0-8.0
5	Karnataka	BAGALKOT	1998	Rabi	Jowar	September-October	January-March	black soil	6.0-7.5
6	Karnataka	BAGALKOT	1999	Kharif	Cotton	May-July	December-April	black soil	7.0-8.0
7	Karnataka	BAGALKOT	1999	Kharif	Jowar	May-July	September-December	black soil	6.0-7.5
8	Karnataka	BAGALKOT	1999	Kharif	Rice	May-July	December-April	red soil	5.0-8.0
9	Karnataka	BAGALKOT	1999	Rabi	Jowar	September-October	January-March	black soil	6.0-7.5
10	Karnataka	BAGALKOT	2000	Kharif	Cotton	May-July	December-April	black soil	7.0-8.0
11	Karnataka	BAGALKOT	2000	Kharif	Jowar	May-July	September-December	black soil	6.0-7.5
12	Karnataka	BAGALKOT	2000	Kharif	Rice	May-July	December-April	red soil	5.0-8.0
13	Karnataka	BAGALKOT	2000	Rabi	Jowar	September-October	January-March	black soil	6.0-7.5
14	Karnataka	BAGALKOT	2001	Kharif	Cotton	May-July	December-April	black soil	7.0-8.0
15	Karnataka	BAGALKOT	2001	Kharif	Jowar	May-July	September-December	black soil	6.0-7.5
16	Karnataka	BAGALKOT	2001	Kharif	Rice	May-July	December-April	red soil	5.0-8.0
17	Karnataka	BAGALKOT	2001	Rabi	Jowar	September-October	January-March	black soil	6.0-7.5
18	Karnataka	BAGALKOT	2001	Summer	Rice	January-March	April-July	red soil	5.0-8.0

Figura A1: Parte 1 do atual conjunto de dados

Figura A2: Parte 2 do conjunto de dados

	Period of sowing	period of harvesting	Soil Type	Ph-value	Nitrogen(%)	Phosphorus(%)	Pottasium(%)	Water Consumption(mm)
2	May-July	September-December	black soil	6.0-7.5	47	45	45	350-650
3	May-July	December-April	black soil	7.0-8.0	7	14	11	550-950
4	May-September	October-January	red soil	5.0-8.0	35	35	34.4	300-950
5	September-October	January-March	black soil	6.0-7.5	47	45	45	350-650
6	May-July	December-April	black soil	7.0-8.0	7	14	11	550-950
7	May-July	September-December	black soil	6.0-7.5	47	45	45	350-650
8	May-July	December-April	red soil	5.0-8.0	35	35	34.4	300-950
9	September-October	January-March	black soil	6.0-7.5	47	45	45	350-650
10	May-July	December-April	black soil	7.0-8.0	7	14	11	550-950
11	May-July	September-December	black soil	6.0-7.5	47	45	45	350-650
12	May-July	December-April	red soil	5.0-8.0	35	35	34.4	300-950
13	September-October	January-March	black soil	6.0-7.5	47	45	45	350-650
14	May-July	December-April	black soil	7.0-8.0	7	14	11	550-950
15	May-July	September-December	black soil	6.0-7.5	47	45	45	350-650
16	May-July	December-April	red soil	5.0-8.0	35	35	34.4	300-950
17	September-October	January-March	black soil	6.0-7.5	47	45	45	350-650
18	January-March	April-July	red soil	5.0-8.0	35	35	34.4	300-950
19	May-July	December-April	black soil	7.0-8.0	7	14	11	550-950
20	May-July	September-December	black soil	6.0-7.5	47	45	45	350-650
21	May-July	December-April	red soil	5.0-8.0	35	35	34.4	300-950

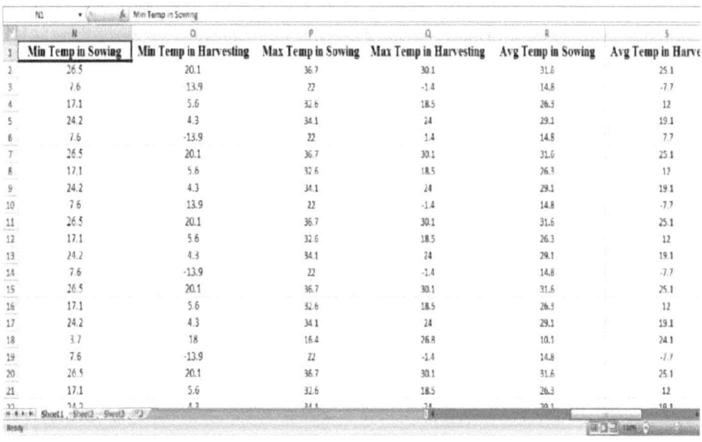

	Min Temp in Sowing	Min Temp in Harvesting	Max Temp in Sowing	Max Temp in Harvesting	Avg Temp in Sowing	Avg Temp in Harve
2	26.5	20.1	36.7	30.1	31.6	25.1
3	7.6	-13.9	22	-1.4	14.8	-7.7
4	17.1	5.6	32.6	18.5	26.3	12
5	24.2	4.3	34.1	24	29.1	19.1
6	7.6	-13.9	22	1.4	14.8	7.7
7	26.5	20.1	36.7	30.1	31.6	25.1
8	17.1	5.6	32.6	18.5	26.3	12
9	24.2	4.3	34.1	24	29.1	19.1
10	7.6	13.9	22	-1.4	14.8	-7.7
11	26.5	20.1	36.7	30.1	31.6	25.1
12	17.1	5.6	32.6	18.5	26.3	12
13	24.2	4.3	34.1	24	29.1	19.1
14	7.6	-13.9	22	-1.4	14.8	-7.7
15	26.5	20.1	36.7	30.1	31.6	25.1
16	17.1	5.6	32.6	18.5	26.3	12
17	24.2	4.3	34.1	24	29.1	19.1
18	3.7	18	16.4	26.8	10.1	24.1
19	7.6	-13.9	22	-1.4	14.8	-7.7
20	26.5	20.1	36.7	30.1	31.6	25.1
21	17.1	5.6	32.6	18.5	26.3	12

Figura A3: Parte 3 do conjunto de dados

Figura A4: Cálculo do rendimento a partir do conjunto de dados

	Avg Temp in Harvesting	Avg Rainfall in Sowing	Avg Rainfall in Harvesting	area(hectare)	production(Tonnes)	yeild	Class labels
2	25.1	1.3	9.7	12363	24855	2.01	yes
3	-7.7	92.3	29.2	15225	22129	1.453	no
4	12	80.6	77.2	197	316	1.604	no
5	19.1	1.5	39.3	152540	120840	0.792	no
6	-7.7	92.3	29.2	11979	18434	1.538	no
7	25.1	1.3	9.7	11598	21354	1.841	yes
8	12	80.6	77.2	128	202	1.57	no
9	19.1	1.5	39.3	160974	147679	0.917	yes
10	-7.7	92.3	29.2	15767	23002	1.458	no
11	25.1	1.3	9.7	11375	22359	1.965	yes
12	12	80.6	77.2	171	311	1.81	no
13	19.1	1.5	39.3	132473	94603	0.71	no
14	7.7	92.3	29.2	14104	22539	1.59	no
15	25.1	1.3	9.7	6786	12064	1.77	yes
16	12	80.6	77.2	171	411	2.4	yes
17	19.1	1.5	39.3	170489	125015	0.73	no
18	24.1	69.3	89.2	13	19	1.46	no
19	-7.7	92.3	29.2	3511	5149	1.46	no
20	25.1	1.3	9.7	5551	9005	1.62	yes
21	12	80.6	77.2	112	230	2.05	yes

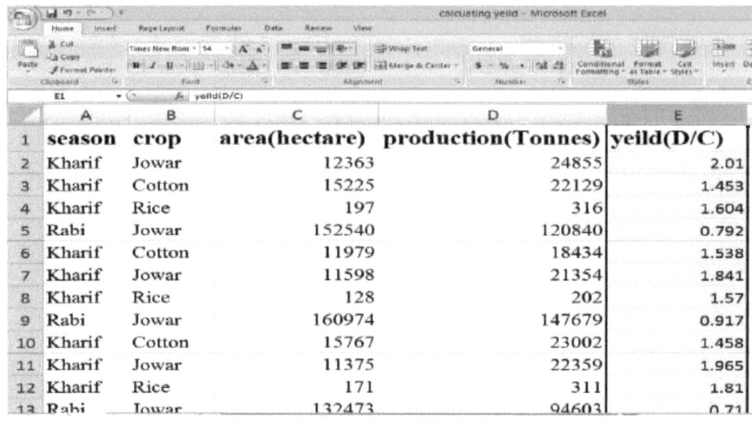

	A	B	C	D	E
1	season	crop	area(hectare)	production(Tonnes)	yeild(D/C)
2	Kharif	Jowar	12363	24855	2.01
3	Kharif	Cotton	15225	22129	1.453
4	Kharif	Rice	197	316	1.604
5	Rabi	Jowar	152540	120840	0.792
6	Kharif	Cotton	11979	18434	1.538
7	Kharif	Jowar	11598	21354	1.841
8	Kharif	Rice	128	202	1.57
9	Rabi	Jowar	160974	147679	0.917
10	Kharif	Cotton	15767	23002	1.458
11	Kharif	Jowar	11375	22359	1.965
12	Kharif	Rice	171	311	1.81
13	Rabi	Jowar	132473	94603	0.71

Figura A5: Cálculo do rendimento das diferentes culturas

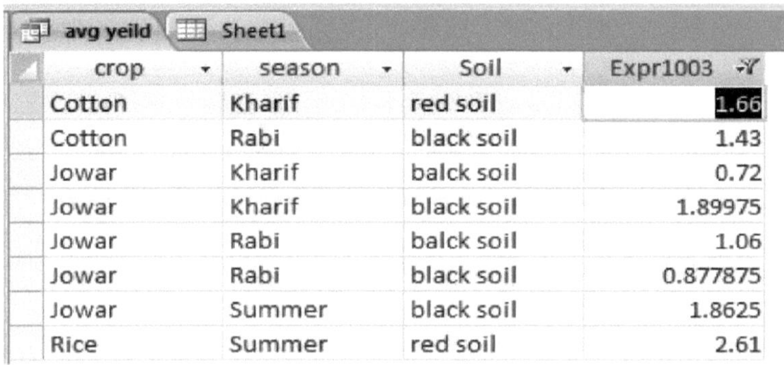

avg yeild | Sheet1

crop	season	Soil	Expr1003
Cotton	Kharif	red soil	1.66
Cotton	Rabi	black soil	1.43
Jowar	Kharif	balck soil	0.72
Jowar	Kharif	black soil	1.89975
Jowar	Rabi	balck soil	1.06
Jowar	Rabi	black soil	0.877875
Jowar	Summer	black soil	1.8625
Rice	Summer	red soil	2.61

Figura A6: Cálculo do rendimento médio das diferentes culturas

	V	W	X	Y
1	**area(hectare)**	**production(Tonnes)**	**yeild**	**Class labels**
2	12363	24855	2.01	yes
3	15225	22129	1.453	no
4	197	316	1.604	no
5	152540	120840	0.792	no
6	11979	18434	1.538	no
7	11598	21354	1.841	yes
8	128	202	1.57	no
9	160974	147679	0.917	yes
10	15767	23002	1.458	no
11	11375	22359	1.965	yes
12	171	311	1.81	no

Figura A7: Determinação das designações de classe

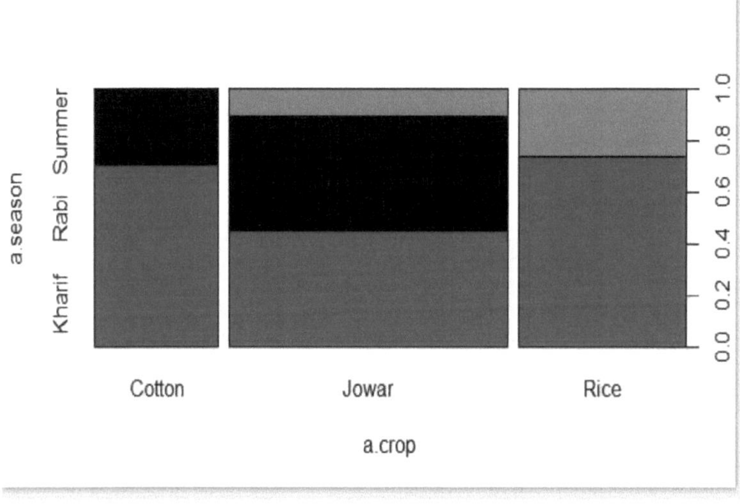

Figura A8: Variação entre colheita e estação com R

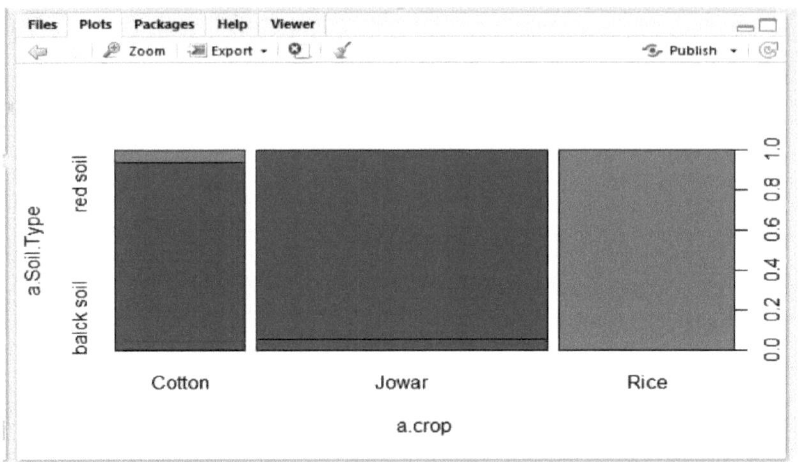

Figura A1.9 Variação entre cultura e solo utilizando R

ANEXO B

VALOR DE PH DO SOLO PARA CADA CULTURA

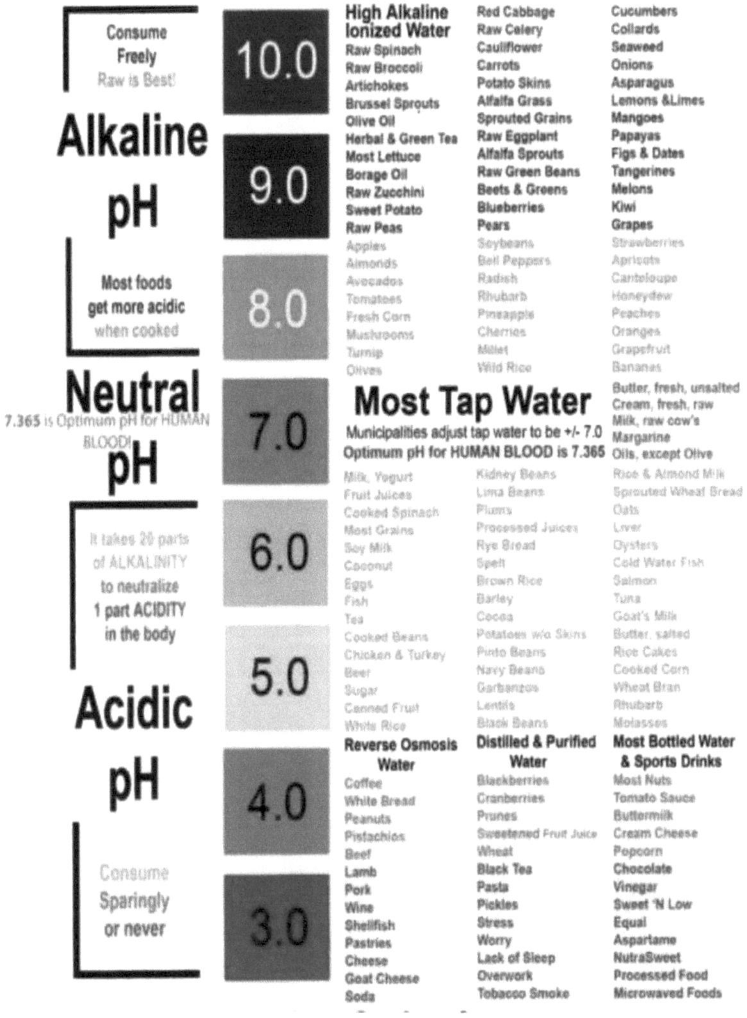

Consume
Freely
Raw is Best!

Alkaline pH

Most foods
get more acidic
when cooked

Neutral pH

7.365 is Optimum pH for HUMAN BLOOD!

It takes 20 parts
of ALKALINITY
to neutralize
1 part ACIDITY
in the body

Acidic pH

Consume
Sparingly
or never

10.0

9.0

8.0

7.0

6.0

5.0

4.0

3.0

High Alkaline Ionized Water
Raw Spinach
Raw Broccoli
Artichokes
Brussel Sprouts
Olive Oil
Herbal & Green Tea
Most Lettuce
Borage Oil
Raw Zucchini
Sweet Potato
Raw Peas
Apples
Almonds
Avocados
Tomatoes
Fresh Corn
Mushrooms
Turnip
Olives

Red Cabbage
Raw Celery
Cauliflower
Carrots
Potato Skins
Alfalfa Grass
Sprouted Grains
Raw Eggplant
Alfalfa Sprouts
Raw Green Beans
Beets & Greens
Blueberries
Pears
Soybeans
Bell Peppers
Radish
Rhubarb
Pineapple
Cherries
Millet
Wild Rice

Cucumbers
Collards
Seaweed
Onions
Asparagus
Lemons &Limes
Mangoes
Papayas
Figs & Dates
Tangerines
Melons
Kiwi
Grapes
Strawberries
Apricots
Cantaloupe
Honeydew
Peaches
Oranges
Grapefruit
Bananas

Most Tap Water
Municipalities adjust tap water to be +/- 7.0
Optimum pH for HUMAN BLOOD is 7.365

Butter, fresh, unsalted
Cream, fresh, raw
Milk, raw cow's
Margarine
Oils, except Olive

Milk, Yogurt
Fruit Juices
Cooked Spinach
Most Grains
Soy Milk
Coconut
Eggs
Fish
Tea
Cooked Beans
Chicken & Turkey
Beer
Sugar
Canned Fruit
White Rice

Kidney Beans
Lima Beans
Plums
Processed Juices
Rye Bread
Spelt
Brown Rice
Barley
Cocoa
Potatoes w/o Skins
Pinto Beans
Navy Beans
Garbanzos
Lentils
Black Beans

Rice & Almond Milk
Sprouted Wheat Bread
Oats
Liver
Oysters
Cold Water Fish
Salmon
Tuna
Goat's Milk
Butter, salted
Rice Cakes
Cooked Corn
Wheat Bran
Rhubarb
Molasses

Reverse Osmosis Water
Coffee
White Bread
Peanuts
Pistachios
Beef
Lamb
Pork
Wine
Shellfish
Pastries
Cheese
Goat Cheese
Soda

Distilled & Purified Water
Blackberries
Cranberries
Prunes
Sweetened Fruit Juice
Wheat
Black Tea
Pasta
Pickles
Stress
Worry
Lack of Sleep
Overwork
Tobacco Smoke

Most Bottled Water & Sports Drinks
Most Nuts
Tomato Sauce
Buttermilk
Cream Cheese
Popcorn
Chocolate
Vinegar
Sweet 'N Low
Equal
Aspartame
NutraSweet
Processed Food
Microwaved Foods

REFERÊNCIAS

1. Niketa Gandhi e Leisa J. Armstrong, "Rice Crop Yield Prediction in India using Support Vetor Machine", Conferência Internacional Conjunta sobre Ciência da Computação e Engenharia de Software (JCSSE), 2016.
2. Vel Tech Rangarajan e Dr. Sangunthala, "Crop Selection Method to Maximize Crop Yield Rate using Machine Learning Technique", Conferência Internacional sobre Tecnologias Inteligentes e Gestão para Computação, Comunicação, Controlos, Energia e Materiais (ICSTM), 2015.
3. Niketa Gandhi e Leisa J. Armstrong, "Proposed Decision Support System (DSS) for Indian Rice Crop Yield Prediction", Conferência Internacional sobre Inovações Tecnológicas em TIC para a Agricultura e o Desenvolvimento Rural (TIAR), 2016.
4. Suvajit Das e Shashi Dahiya, "An Online Software for Decision Tree Classification and Visualisation using C4.5 Algorithm (ODTC)", Conferência Internacional sobre Computação para o Desenvolvimento Global Sustentável, 2014.
5. Zhihao Hong e Z. Kalbarczyk, "A Data-Driven Approach to Soil Moisture Collection and Prediction", Open Journal of Modern Hydrology, 2014.
6. Savvas Dimitriadis e Chiristos Goumopoulos, "Applying Machine Learning to Extract New Knowledge in Precision Agriculture Applications", Panhellenic Conference on Informatics, 2008.
7. Tahmid Shakoor e Karishma Rahman, Md., "Agricultural Production Output Prediction Using Supervised Machine Learning Techniques", Departamento de Ciência e Engenharia Informática, 2017.
8. Anusha A. Shettar, Shanmukhappa A. Angadi, "Efficient Machine learning Algorithms for Agriculture Data", Actas do Jornal Internacional de Tendências Recentes em Engenharia e Investigação, 2014.
9. D Ramesh e B Vishnu Vardhan, "Machine Learning Techniques and Applications to Agricultural Yield Data" (Técnicas de aprendizagem automática e aplicações a dados de rendimento agrícola), International Journal of Advanced Research in Computer and Communication Engineering, setembro de 2013.
10. Raorane A.A., Kulkarni R.V, "Review-Role of Machine learning in Agriculture", IJARCCE, Vol. 4, No. 2, pp: 270-272, 2013.
11. Piao X, Wang Z, and Liu G., "Research on Mining Positive and Negative Association Rules Based on Dual Confidence", Fifth International Conference on Internet Computing for

Science and Engineering, 2010.

12. http://spatialreserves.wordpress.com/2013/08/18/cropscape-agriculrural-data-portal-and-analyse/
13. Uasr.agropedia.in/content/climate-and-soil-requirements-bajra-culture.
14. Agarwal R., Imielinski T. "Mining associations between sets of items in large databases" [Associações de mineração entre conjuntos de itens em grandes bases de dados]. Actas da Conferência Internacional ACM SIGMOD sobre Gestão de Dados, 2014.
15. Nagabhushanam, D., Naresh, N., "Prediction of Tuberculosis Using Machine learning Techniques on Indian Patient's Data", 2012.
16. Ramesh D, Vishnu B., "Machine learning techniques and applications to Agricultural Yield Data", IJARCCE, Vol. 2, Issue 9, setembro de 2013.
17. Verheyen K, Adrians M, Hermy S Deckers. "Classificação contínua do solo de alta resolução utilizando descrições morfológicas do perfil do solo", 2013.
18. Gonzalez-Sanchez Alberto, Frausto-Soils Juan, Ojeda-Bustamante W. "Predictive ability of machine learning methods for massive crop yield prediction". Span J Agric Res. 2014.
19. D. Diepievan, L. Armstrong, "Identifying key crop performance traits using machine learning". Conferência Mundial sobre Agricultura, Informação e TI, 2008.
20. Dr. S. Hari Ganesh e Sra. Jayasudha, "Técnica de aprendizagem automática para prever a exatidão da fertilidade", IJCSMC, Vol. 4, Issue. 7, julho de 2015, pg.330-333.
21. Jay Gholap, Anurag Ingole, Jayesh Gohil, Shailesh Gargrade, Vahidha Attar, "Soil Data Analysis Using Classification Techniques and Soil Attribute Prediction", Press-College of Engineering, Pune. 2015.
22. Han J, Kamber M, "Machine Learning: Concepts and Techniques", Massachusetts: Morgan Kaufmann Publishers, 2001.

REFERÊNCIAS WEB

1. http:// raitamitra.kar.nic.in/ENG/statistik.asp
2. http://14.139.94.101/fertimeter/Distkar.aspx
3. http://dmc.kar.nic.in/trg.pdf
4. http://data.gov.in
5. http://raitamitra.kar,nic.in/statistics
6. html://cropwise_normal_area
7. www.w3.org/clf.html
8. www.preservearticles.com/.../complete-information-on -jowar-sorghum-v
9. usar.agropedia.in/content/climate-and-floor-requirements-bajra-crop

   http://spatialreserves.wordpress.com/2013/08/18/cropspace-agricultural-data-portal-and-analyse/

Índice

Printed by Books on Demand GmbH, Norderstedt / Germany